RPA【机器人流程自动化】
快速入门——基于Blue Prism

[新加坡] 林美英（Lim Mei Ying）著

梁一纲 王珮瑶 译

人民邮电出版社

北 京

图书在版编目（ＣＩＰ）数据

RPA（机器人流程自动化）快速入门：基于Blue
Prism / （新加坡）林美英著；梁一纲，王珮瑶译. --
北京：人民邮电出版社，2020.7（2021.9重印）
　ISBN 978-7-115-41017-7

　Ⅰ. ①R… Ⅱ. ①林… ②梁… ③王… Ⅲ. ①机器人
—程序设计 Ⅳ. ①TP242

中国版本图书馆CIP数据核字（2020）第070117号

◆ 著　　　　[新加坡] 林美英（Lim Mei Ying）

　译　　　　梁一纲　　王珮瑶

　责任编辑　陈聪聪

　责任印制　王　郁　焦志炜

◆ 人民邮电出版社出版发行　　北京市丰台区成寿寺路 11 号

　邮编　100164　　电子邮件　315@ptpress.com.cn

　网址　https://www.ptpress.com.cn

　北京九州迅驰传媒文化有限公司印刷

◆ 开本：800×1000　1/16

　印张：11.75

　字数：207 千字　　　　　　　　　2020 年 7 月第 1 版

　印数：2 101–2 400 册　　　　　　2021 年 9 月北京第 3 次印刷

著作权合同登记号　图字：01-2019-4659 号

定价：49.80 元

读者服务热线：（010）81055410　　印装质量热线：（010）81055316
反盗版热线：（010）81055315
广告经营许可证：京东市监广登字 20170147 号

内容提要

  本书是 Blue Prism 的入门指南，旨在帮助没有编程基础的读者快速掌握使用 Blue Prism 构建简单机器人的流程。全书分为 11 章，从机器人流程自动化的基本概念出发，配套一个简单的应用案例介绍构建机器人的基本流程，内容涵盖了构建机器人流程的每个环节。

  本书适合想要学习或了解机器人流程自动化技术的读者，不论读者是否有计算机基础，都可以通过阅读本书有所收获。

作者简介

林美英在设计、实施和支持 Blue Prism 流程以及为企业建立机器人操作模型（Robotic Operating Model）方面经验丰富。她花费了大量时间研究 Blue Prism 技术的优缺点，并在寻找自动化问题解决方案的挑战中不断成长。美英住在有着阳光岛之称的新加坡。

审稿人简介

塞巴尔·戈斯瓦米（Saibal Goswami）从业超过 12 年，在此期间，他在合作关系管理、客户关系、项目管理、业务分析和运营管理方面的能力得到了极大的提升。他通过有效的流程可行性研究、成本/效益分析、资源规划、带领并指导跨职能团队来培养上述能力，以最大程度地提高生产力。他的职业从一开始就与 RPA 有关。他掌握了各种技术技能，包括 RPA 流程评估和 RPA 卓越中心（Centre of Excellence，CoE）。

译者简介

　　本书由梁一纲和王珮瑶共同翻译，两位译者是中国首批接触 RPA 并从事该行业的人士。

　　梁一纲研究生毕业于英国华威大学工程商业管理专业，曾就职于某全球银行，担任软件工程师、数据分析师、流程优化顾问；曾就职于某"四大"会计师事务所，担任税务信息化高级咨询师；曾就职于某上市咨询公司，担任 RPA 高级咨询顾问。他有丰富的流程优化咨询、数据分析、系统开发经验，参与过多个国内外金融、通信、贸易等领域的 RPA 咨询、实施项目；曾开发纳税申报机器人、增值税进项抵扣机器人、发票验真机器人、同业对账机器人、财务报表识别机器人、网联调账机器人，对公开户机器人、监管报表机器人、集中授权机器人等，对国内外 RPA 产品及行业有较深理解。

　　王珮瑶本科毕业于西南财经大学金融学（证券与期货方向）专业，研究生毕业于法国里昂商学院管理学专业，具有翻译及一级市场股权投资从业经验，并投身于中国 RPA 行业的发展；受益于金融与 IT 复合背景，王珮瑶在担任 RPA 产品经理期间负责财务报表识别机器人、监管报表机器人、地方监管报表机器人、同业对账机器人等多个产品的方案设计及实施，有志在 RPA 行业深耕。

译者序

机器人流程自动化（Robotic Process Automation，RPA）从 2017 年开始引起国内众多财务人员的注意，在经历了咨询公司和会计师事务所等机构的推广后，于 2018 年引起了社会各界的广泛关注。业内普遍将 2019 年称为中国 RPA 发展元年，这也是译者翻译本书的时间。RPA 能收获如此多的关注，译者认为这是一个必然事件。古时候，大量人力被投入农耕，于是各种工具和技术都致力于提升农业的生产力；工业时代，许多劳动力被投入车间生产，用于工业生产的工具与技术也得到了快速发展；互联网时代，越来越多的人坐在办公室中从事脑力劳动，如何提高他们的工作效率、减少人为失误，是这个时代以及未来要解决的问题。基于此，RPA 诞生了。虽然关于 RPA 是否属于人工智能在业内尚有争议，但不可否认的是，RPA 有助于将一些 AI 技术应用于实际业务中。有人可能认为 RPA 的火热是借了 AI 的"东风"，但是译者认为 RPA 的出现是历史演进的重要一步，正是 RPA 把离普及还很远的人工智能变得触手可及。

RPA 的诞生有几个因素。一是业务的发展已经超过了人力的负荷；二是信息系统的普及使大部分业务能在计算机上处理，这里是 RPA 的主场；三是企业风险防范意识的增强，机器人可以有效降低出错率；四是人工智能技术从实验室阶段迈入了现实层面，急于寻找落脚之处。

目前机器人流程的主流开发还多见于国外的一些先行者，如本书所介绍的 Blue Prism，相关的中文资料比较少。于是在响应国家号召与大力发展我国人工智能行业的背景下，本书得以翻译出版。两位译者非常荣幸能在 RPA 起步阶段就参与其中。尽管本书中所使用的 Blue Prism 版本与读者阅读时使用的版本可能存在差异，但是其核心理念是不变的。希望读者在阅读本书后，能够了解到 RPA 到底是什么、能够做什么事情，然后再结合自身情况，制作出属于自己的机器人流程，从而更好地为个人、为企业、为社会做贡献。

梁一纲　王珮瑶

2019 年 10 月 9 日

前言

最近，机器人流程自动化越发流行。机器人流程工具的诞生，诸如 Blue Prism，开启了一个充满机遇的世界。以前不能自动化的流程现在可以自动化了，其中包括涉及遗留应用程序的流程：以前没有人敢升级这些程序，担心出现问题；以前这些程序是被打包好的，不为开发人员提供任何集成和扩展的方法。

人们曾经只能通过执行单调的数据输入和单击操作来完成任务。现在，有 Blue Prism 这样的平台，无须昂贵的系统改进和更改需求就能够准确地模拟人类的行为。只需要训练机器人模仿人类的行为，就能实现流程自动化！

另外，用户无须拥有高超的技术就可以从头开始构建一个流程。本书正是为了从零开始构建流程而写。在构建流程时，读者会逐步了解 Blue Prism 的所有基本功能——从创建流程，到建立对象，再到使用常见的应用程序（如 Excel 和 Outlook）。

目标读者

本书的理念是帮助非技术型人群创建自己的流程。我在过去的工作中与最终用户进行了许多合作，帮助他们实现流程自动化。因为当时的方向是让最终用户成为开发人员，所以我目睹了许多人努力地掌握基础知识的过程。这些人没有受过计算机科学的专业训练，也不知道什么是循环和集合等。我们与这些用户一起坐在房间里，并试着让他们的流程运行起来。他们接受过内部的基础培训，但由于某种原因，有些观念没有坚持下来。他们确实需要帮助才能在截止期限前完成任务。

可以将这本书想象成一个特殊的教练，他就在旁边指导读者构建流程并帮助其渡过难关。本书整合了咨询的经验，收集了常见问题，以帮助读者避开流程构建中的陷阱。

组织结构

第 1 章，机器人流程自动化案例，介绍机器人流程自动化的定义、什么流程最适合 RPA，以及对机器人操作模型的简要概述。

第 2 章，创建首个 Blue Prism 流程，带领读者创建一个简单的流程。

第 3 章，页、数据项、块、集合与循环，通过添加页、数据项、块、集合和循环来继续构建流程。

第 4 章，操作、决策、选择与运算，介绍在构建流程中操作、决策、选择与运算的使用。

第 5 章，实现业务对象，展示如何指导机器人与 Internet Explorer 之类的应用程序交互。

第 6 章，侦察元素，了解侦察元素，它用于侦察机器人需要与之交互的元素。

第 7 章，写入、等待和读取，介绍如何通过写入、等待和读取阶段来构建业务对象背后的逻辑。

第 8 章，与 Excel 交互，介绍如何读写 Excel 和 CSV 文件。

第 9 章，发送与接收邮件，介绍如何使用 Outlook 阅读和发送电子邮件。

第 10 章，控制室与工作队列，介绍控制室、向队列添加项目、处理项目和更新工作状态。

第 11 章，异常处理，演示如何妥善处理预期和意外的错误。

关于本书

为了便于读者理解，本书中的页面信息框及流程图均译为中文。

资源与支持

本书由异步社区出品，社区（https://www.epubit.com/）为您提供相关资源和后续服务。

提交勘误

作者和编辑尽最大努力来确保书中内容的准确性，但难免会存在疏漏。欢迎您将发现的问题反馈给我们，帮助我们提升图书的质量。

当您发现错误时，请登录异步社区，按书名搜索，进入本书页面，单击"提交勘误"，输入勘误信息，单击"提交"按钮即可。本书的作者和编辑会对您提交的勘误进行审核，确认并接受后，您将获赠异步社区的 100 积分。积分可用于在异步社区兑换优惠券、样书或奖品。

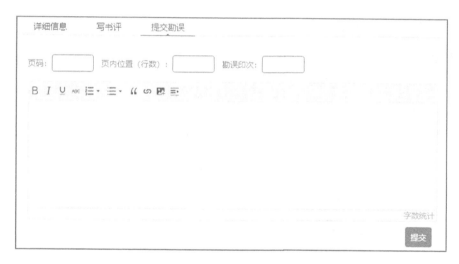

扫码关注本书

扫描下方二维码，您将会在异步社区微信服务号中看到本书信息及相关的服务提示。

与我们联系

我们的联系邮箱是 contact@epubit.com.cn。

如果您对本书有任何疑问或建议，请您发邮件告诉我们，并请在邮件标题中注明本书书名，以便我们更高效地做出反馈。

如果您有兴趣出版图书、录制教学视频，或者参与图书翻译、技术审校等工作，可以发邮件给我们；有意出版图书的作者也可以到异步社区在线投稿（直接访问 www.epubit.com/selfpublish/submission 即可）。

如果您所在的学校、培训机构或企业想批量购买本书或异步社区出版的其他图书，也可以发邮件给我们。

如果您在网上发现有针对异步社区出品图书的各种形式的盗版行为，包括对图书全部或部分内容的非授权传播，请您将怀疑有侵权行为的链接发邮件给我们。您的这一举动是对作者权益的保护，也是我们持续为您提供有价值的内容的动力之源。

关于异步社区和异步图书

"**异步社区**"是人民邮电出版社旗下 IT 专业图书社区，致力于出版精品 IT 技术图书和相关学习产品，为作译者提供优质出版服务。异步社区创办于 2015 年 8 月，提供大量精品 IT 技术图书和电子书，以及高品质技术文章和视频课程。更多详情请访问异步社区官网 https://www.epubit.com。

"**异步图书**"是由异步社区编辑团队策划出版的精品 IT 专业图书品牌，依托于人民邮电出版社近 30 年的计算机图书出版经验和专业编辑团队，相关图书的封面上印有异步图书的 LOGO。异步图书的出版领域包括软件开发、大数据、AI、测试、前端、网络技术等。

异步社区

微信服务号

目录

第 1 章
机器人流程自动化案例

有没有好奇过拥有一个克隆人是何等体验？有没有想过有人坐在办公桌旁替你完成所有单调无味的工作？让机器人接手人类的工作现在可以通过机器人流程自动化（Robotic Process Automation，RPA）成为现实。

机器人流程自动化并不是一个新概念。多年以来，人们一直在编写从网站下载数据的脚本、编辑自动化表格的宏和开发记录鼠标操作的记录器。任何计算机可以做的事情都能在一个技艺高超的程序员手中以某种方式得以实现。然而直到最近，这些实现计算机自动化的工具才被搭建成了产品。重要的是，这些工具可以使开发人员无须编写大量复杂的代码来构建自己的流程。

本章将从起点出发，了解什么是机器人流程自动化，快速学习如何挑选出适合 RPA 的业务流程。本章内容如下。

- 机器人流程自动化定义。

- 寻找适合 RPA 的流程。

- 流程定义文档。

1.1 机器人流程自动化定义

当下，RPA 的热潮方兴未艾。采用机器人劳动力的一大原因就是节约成本。在指定的流程中，经过训练的机器人可以模仿人类行为，提供与人类相同的功能，不用休息、度假或者请病假，也不会抱怨加班或者要求解释绩效考评的结果，其维护费用通常低于聘请员工的花费。此外，机器人可以执行重复性任务，从而解放人力使人类去从事更有附加价值的工作。

实现机器人流程自动化利用的是软件机器人，用户并不会真的看到一个有手臂、腿和轮子的实体机器人在敲击键盘。机器人开发人员借助软件程序记录敲击键盘和单击鼠标的过程，计算机（机器人）通过模拟人类行为重演这些操作。

例如，开发人员想让机器人浏览购物网站采购每周的食品杂货。

人会采取以下步骤购买一盒麦片。

（1）访问购物网站：Amazon 购物网站。

（2）在搜索框中输入麦片名称后，单击搜索按钮。

（3）选出想要购买的麦片。

机器人将通过下列步骤完成同样的任务。

（1）打开浏览器，默认主页是 Amazon 购物网站。

（2）识别搜索框的位置，触发构成麦片名称的按键组合，输入麦片名。

（3）找到搜索按钮的位置，单击按钮。

（4）定位搜索结果。

（5）根据预设规则单击选择搜索结果列表中的所需项，比如预设所需项为搜索结果首项。

机器人将这些动作指令存储于软件程序中，当收到请求时重复上述步骤输入指定内容，逐步执行动作。这也是机器自动化挑选的流程必须可重复的原因。

因为机器人没有与生俱来的智慧，它只能完全按照开发人员的命令行动，它"看不见"另一个商店正在开展麦片的促销活动，所以它会一直选择搜索结果中的首个商品。即使这款麦片已停产，机器人仍会尝试搜索购买它，不会自动选择另一种口味或品牌。赋予 RPA 机器人认知智力是行业内的一项重大突破：将自然语言处理、文本分析、数据挖掘等算法与 RPA 技术融合制造出的机器人，不仅可以基于开发人员的命令行动，还能够智能地应对各种情景。然而这些算法仍属于新兴技术，目前 RPA 机器人所执行的自动化任务通常是具有可预测输入值与输出值的可重复类型。

1.2　寻找适合 RPA 的流程

人们每天所做的工作大多是重复的。我们可能没有意识到这一点，但是当代很多知识型劳动者正在从事着枯燥、常规和单调的工作。也许下列工作中的某一些会听起来比较耳熟。

（1）浏览各种网站并下载报表，随后从每张报表中提取信息，将数据合并成一张表以便进一步分析和报告，最后通过电子邮件将合并报表发送给经理。

（2）查收提醒和通知的邮件。在仔细阅读提及"采取行动"的邮件后，登录另一个办公系统按照一定的顺序输入或者执行交易。操作完成后，清理收件箱并对收件箱里剩下的 100 封邮件重复上述步骤。

（3）从中央数据仪表盘下载报表，将报表中的数千行数据与副本文件对比，以找到两者之间的差异。

（4）基础数据录入——将一行行数据录入系统。

好消息是，这些工作大部分能够通过软件机器人可靠且可重复地完成。找到适合 RPA 的流程更像是一门艺术而不是科学，因为机器人只能执行与软件相关的任务，不是万事万物都适合 RPA。

适合 RPA 的流程具有以下特征。

（1）**无抽象决策**：机器人会严格按照用户的要求行事，因此无论将什么样的流程自动化，它都将以同样的方式一遍一遍地重复工作。假如开发人员通过编程让机器人去购买樱桃巧克力蛋糕，每次运行程序时它都会这样做，它不会突然觉得最近天气转暖，用户也许会想要个巧克力圣代（除非开发人员向它下达指令）。

（2）**无人工干预**：当流程中出现需要人工完成的某些步骤的时候，开发人员没有办法使其完全自动化，比如有些流程包含要求亲笔签名或者从一个物理令牌读取信息的步骤。但是开发人员仍然可以将这些有人参与其中的流程实现自动化，只是不能实现全部自动化，这称为**半自动化**（Assisted Automation）。

（3）**可重复**：机器人每次运行时都将遵循同样的步骤。给定同样的输入值，流程将输出相同的结果。开发人员当然也可以在流程中设定一系列的规则，为了使机器人能够正常运转，流程的输出结果必须是可预测且可重复的。

（4）**手工操作耗费大量时间**：让机器人去做每天需耗时 5min 的工作会比每年只要 5min 就能完成的工作节省更多的时间。应该选择节约更多时间的流程。

（5）**所交互的系统不会意外更新**：机器人的一大优点是能够与大部分应用程序交互，它们可以读取屏幕内容、输入文本、单击大多数类型的按钮，不受应用程序新旧版本的影响。不过编写好的机器人只有在它经过训练，且可以理解的屏幕内容没有发生改变的情况下才能正常执行接收到的动作命令，一旦应用程序的开发人员决定在程序表单中引入一个新字段，机器人就要被重新训练去理解这个字段。因此要挑选所交互的应用程序不易发生变更的流程实现自动化。理想情况是机器人开发人员能提前获知应用程序升级的时间（当机器人开发人员或者其所属公司同时也负责应用程序的开发时，这一点比较容易实现），这样就有充足的时间重新开发机器人。其他开发人员的应用程序，比如网络上的，可能会被随意更改，导致进程意外出错。

（6）**要求精确，尤其是数据录入**：工作人员在录入数据时往往会出错。如果和处理钱款的表格打过交道，就能明白只是数字中小数点的位置错误都会造成重大经济损失。甚至拼错一个地址或者邮编也会导致运输货物丢失，使得客户体验非常糟糕。当流程要求数据录入精确度较高时，机器人不会犯这类错误，所以它值得信赖。

（7）**重视及时性**：机器人可以全年无休地查收邮件或者读取数据库。这意味着一旦接收到命令，即使是凌晨，机器人也能处理工作，不必等到第二天工作人员来上班后完成这项工作。

除上述几点外，与其他开发项目一样，使用机器人接手人类工作还要综合考虑其他各种因素，比如业务流程的所有者支持变革、接受预算并且愿意筹资，经理是否对此表示支持等。或者从自动化最简单的流程开始着手，即使起初它并不是最节省时间的，但是每天机器人所节省的时间都在不断地积累。只要该流程实现自动化可以节省时间，机器人也一直在运行，积少成多，机器人回馈给企业的劳动价值也会随之累积增长。

计算所节省的时间

如果你正在寻找适合 RPA 的流程，可以从与业务人员交谈入手，盘点现有全部业务流程，将它们列在设有所有关键考虑因素的权重表中，这时可能会产生一个候选名单，随后跟用户讨论哪些流程的自动化价值较大。

利用电子表格记录每个流程手动操作时的步骤以及完成每步所需时间，例如表 1-1 所示的每周杂货采购流程。将完成搜索商品、购买商品、追踪包裹以及收包裹这些步骤的预计耗时加起来，每周杂货采购流程每年总计节省时长为 2709min。

表 1-1　　　　　　　　　　　　每周杂货采购流程

流程名称：每周杂货采购

序号	步骤	频率	任务类型	平均处理耗时/min	每年总节省时长/min
1	搜索商品	每周	重复性	10	520
2	购买商品	每周	重复性	5	260
3	追踪包裹	每天	重复性	5	1825
4	收包裹	每周	人工	2	104
每年总节省时长/min					2709

之后将各流程每年所省的总时长汇成一个总表，如表 1-2 所示。为了使读者更直观地了解表格样式，在表内增加了一些虚构的流程。

表 1-2　　　　　　　　　　各流程总节省时长合并表

流程名称	每年总节省时长/ min
每周杂货采购	2709
支付电费	421
将信用卡账单跟收据扫描件核对	1205
新建 Outlook 联系人名片	289

通过合并表就能准确判断将哪个流程自动化可以节省更多的时间。在上表样例中，很显然将每周杂货采购流程自动化是最佳选择。

1.3　流程定义文档

一旦确定好需要 RPA 的流程，就要创建流程定义文档（Process Definition Document，PDD）。别被文档吓倒，流程定义文档只是简单记录机器人每一步应该做的事情。把机器人看成一个新手，得给它一本工作指导手册，可以使用已有手册或者新编一本手册；即使简单地编写一下，也能借此机会帮你在后续设计流程时理清思路。

流程定义文档通常包含以下几部分。

- 流程概述与交互系统。

- 流程图。

- 流程详述。

- 意外情况。

下面将以每周杂货采购流程为例详解流程定义文档的各个部分。

1.3.1　流程概述与交互系统

首先描述流程概况，示例如下。

（1）获取下周所需商品清单。

（2）每周一上午 10 点登录 Amazon 购物网站。

（3）逐一搜索清单中的待购商品。

（4）将商品添加到购物车。

（5）发送确认邮件，核对无误后付款。

注意：流程要与一些系统进行交互。在本例中，这些交互系统分别是 Amazon 购物网站、记录购物清单的 Excel 程序和发送邮件的 Outlook 邮箱。

1.3.2　流程图

接下来绘制流程图，流程图实际上是一种以流程框图的形式说明流程动作的方法。流程图包含分别以两个椭圆表示的一个起点和一个终点，在这两者之间添加以矩形表示的流程步骤，步骤的描述不必特别详细，后续会详述每个步骤。

示例流程从获取购物清单开始，然后登录购物网站逐一搜索清单所列商品，将其加入购物车，待操作完成后关闭网页。流程图中存在菱形以判断是否还有商品需购买，如果是，将会循环以上步骤购买下一商品。当所有的商品都被加入购物车后，发送邮件通知用户付款，结账后该流程结束。

每周杂货采购流程如图 1-1 所示。

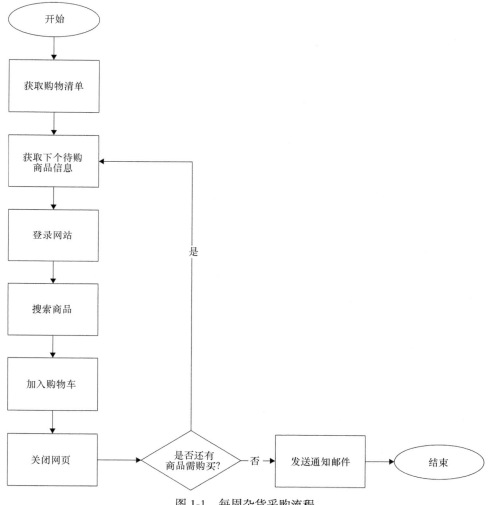

图 1-1　每周杂货采购流程

1.3.3　流程详述

有很多种方法可以详细记录流程。流程的内容是最难被准确描述的。有一种方法是将流程中的每个步骤截屏，然后写好要单击哪个按钮以及要在文本框里输入什么内容等。请参阅以下示例。

（1）**获取购物清单**：在开始采购前，查找名为购物清单（Shopping List）的 Excel 表格。

（2）**搜索待购商品**：步骤如图 1-2 所示。

- 启动 Internet Explorer，登录 Amazon 购物网站。

- 在网页最上方的搜索文本框里输入待购商品名称的关键字。

- 单击搜索按钮。

图 1-2　搜索待购商品

（3）**选择要购买的商品**：当出现搜索结果时选择步骤如下。

- 浏览搜索结果。

- 单击搜索结果列表中非广告商品的首个商品。

可以想象，这是一种非常详细的记录全部流程细节的方法，每次单击、输入、对话和弹窗都被详细地记录下来。在这部分能提供的细节越多越好，就像创作电影剧本一样，指导演员完成每一步该做的事情。当其他人获得这些指导信息后也能替你完成工作，和你所做的毫无差别。

有时候要把所有细节都写下来是挺烦琐的。可以考虑将流程录制成视频来获取细节信息：使用屏幕录像工具录制业务能手执行任务时的影像，将其单击屏幕时的语音解说作为记录每次动作背后的思维过程的文档，然后保存文档。

1.3.4　意外情况

人们总是希望机器人第一次就能把事情做好。但还记得机器人总是按照开发人员的指令行事吗？假如它遇到了未知情况，比如说商品没存货了，会不知该如何应对，然后终止流程。

提前考虑在流程运行时可能会发生的所有意外情况，越早越好。把这些意外情况写下来可以帮助开发人员更好地设计流程，协助训练机器人从容应对这些意外情况。

比如在每周杂货采购流程中可能会发生的意外情况如下。

（1）找不到要买的商品。

（2）要买的商品无存货。

在这些情况下，设置机器人记下哪些商品不能被添加到购物车，并且在流程结束时发送电子邮件通知用户。

1.4　小结

本章简单介绍了什么是机器人流程自动化以及如何将 RPA 应用于日常工作中单调重复性的任务；简单地做了一个关于如何挑选适合自动化的流程的探索性练习（尽管是虚构的）；在选好要实现 RPA 的流程后，介绍了如何创建流程定义文档，用以帮助在开始编程前理清思路。

既然已经讲解完流程定义文档了，现在准备探索 Blue Prism，这是本书中将使用到的工具。

第 2 章
创建首个 Blue Prism 流程

随着 RPA 日益流行，市面上涌现出各式各样提供机器人流程自动化解决方案的产品。本书所使用的工具是 Blue Prism，它由一些流程自动化专家发起，创立于 2001 年 7 月 16 日，其公司总部位于英国。自问世以来，Blue Prism 一直受到客户广泛好评，全球已有数百家公司（该数量还在迅速增长）将其作为机器人软件的首选。

在本章中，将一起学习使用 Blue Prism 创建首个流程，主要内容如下。

- 学习启动 Blue Prism 交互客户端。

- 使用设计器（Studio）创建首个流程。

- 编辑流程，给予机器人行动指令。

- 重命名并保存流程。

- 首次运行流程。

2.1 Blue Prism 系统架构

基本的 Blue Prism 系统架构由 3 个组件构成。

- **应用服务器（Application Server）**：负责运行 Blue Prism 服务；它是整个体系的"大脑"，具有连接后台数据库、调度和存储日志等功能。

- **运行时资源（Runtime Resource）**：通常被称为机器人，可以是物理机或虚拟机。

- **交互客户端（Interactive Client）**：安装在开发人员的计算机桌面上，允许开发人员通过开发流程、调度任务或监控机器人日志等方式与机器人进行交互。

　　为了使整个系统正常工作，这 3 个组件之间会持续稳定地互相传递信息。Blue Prism系统架构如图 2-1 所示。

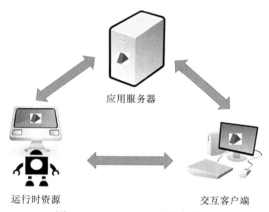

图 2-1　Blue Prism 系统架构

　　本书假定应用服务器、运行时资源以及交互客户端已经被系统管理员正确安装配置。

　　机器人开发人员可能不太会接触到应用服务器或者运行时资源，他们使用的工具几乎只有**交互客户端**，它是机器人流程开发时用到的主要软件。

　　本书使用的产品为 Blue Prism 6.3。如果读者使用该产品的其他版本，那么实际操作的界面可能会与本书的截屏内容有所不同。

2.2　启动 Blue Prism 交互客户端

　　在成功安装 Blue Prism 交互客户端后，可以通过以下两种方式启动。

- 打开 **Start Memi**，单击 **Start|Blue Prism**。

- 单击 **Run|Blue Prism**。

　　Blue Prism 应用程序由一个三角形图标表示，双击图标将其打开后，显示登录界面，按照下列步骤登录系统。

　　（1）选择 Blue Prism 为开发人员配置的连接。

　　（2）在用户名和密码栏输入 Blue Prism 凭据，此凭据是 Blue Prism 管理员分配给开发人员的账户，不是 Windows 系统的登录名和密码。

（3）完成后，单击登录按钮。

 用户名和密码栏并不是一直存在的，仅当单点登录在登录环境中被关闭时才会出现。如果 Blue Prism 管理员希望开发人员使用与登录 Windows 相同的凭据，那么只有 **Connection** 栏可见。

在界面顶部菜单栏中的 5 个菜单分别表示 Blue Prism 的 5 个功能模块，这 5 个功能模块也与左侧导航栏中的 5 个按钮一一对应，如图 2-2 所示。每个按钮对应的内容如下。

① **Studio（设计器）**：提供在 Blue Prism 中可用的所有流程和对象的目录列表。

② **Control（控制室）**：按需调度或者运行流程的地方。

③ **Analytics（分析）**：所显示的信息与主页上的一致，开发人员也可以在此新建仪表板并进行查看。

④ **Releases（发布）**：可在此直接创建或者导入其他环境中创建的部署包。

⑤ **System（系统）**：包含所有可调配的设置，开发人员会经常使用该功能模块设置环境变量。

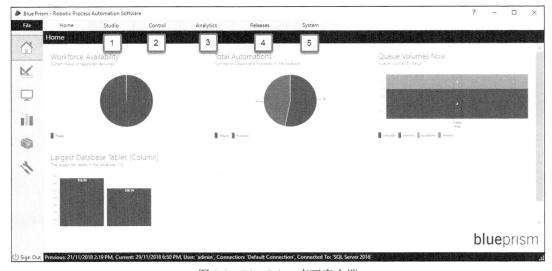

图 2-2　Blue Prism 交互客户端

当存在多个 Blue Prism 环境时，连接名称变得格外重要。一个典型的场景是同时存在开发环境、质量测试环境和生产环境。开发人员不希望出现本来要更改开发环境，却无意中更改了生产环境的情况，因此在进行任何更改之前，最好审查一遍图 2-3 中的所有值。

图 2-3　页脚信息

界面底部页脚处包含着以下几点信息。

⑥ 上次登录时间。

⑦ 本次登录时间。

⑧ 登录账户名。

⑨ 连接名称。

⑩ 所连接数据库名称。

2.3　创建首个流程

开发人员使用最多的工具是设计器，设计器用来编辑流程与对象。现在开始创建首个流程吧！

（1）在单击设计器按钮后，界面左侧出现结构树。它的顶部包含两个同级叶节点，分别代表 **Processes**（流程）和 **Objects**（对象）。

（2）右击 **Processes**，然后选择 **Create Process**（创建流程）。

（3）出现新流程窗口，将其命名为 **My First Process**（我的首个流程）后，单击 **Next** 按钮。

（4）输入流程的可选描述。建议简单描述所要创建的流程，以便他人了解该流程的内容。对于目前的流程，仅需提供象征性的描述文字，比如 **This is my first Blue Prism process**（这是我的首个 Blue Prism 流程）。写好后，单击 **Finish** 按钮。

（5）创建完成的流程出现在界面左侧的结构树中，存放于名为 Default 的文件夹下。

当前界面右侧显示流程的创建日期、时间以及创建者，如图 2-4 所示。稍后在编辑流程时，该列表会扩展为记录编辑者名称和编辑时间的索引目录。

图 2-4　设计器目录界面

（6）通过双击结构树中新建的流程，将流程在 **Process Studio（流程设计器）**的画布上打开，进入可编辑状态。

2.4　初识 Blue Prism 流程设计器

目前大多数 RPA 软件是免编程的（或者编程量很少），Blue Prism 也不例外。它提供了一个类似 Microsoft Visio 的画布来排序流程步骤，开发人员可以在此绘制一幅包含一系列操作步骤的流程图，然后从预设好的操作模块中选择每一步要执行的操作（比如单击链接或按钮），最后将这些步骤与明确的起点和终点连接起来。

接下来介绍流程设计器的主要构成，如图 2-5 所示。

① **顶部菜单**包含创建流程时所需的全部命令和任务。

② **工具栏**包含开发人员能够快速访问的常用命令和任务。

③ **工具箱**包含可以被拖曳到画布上立即可用的操作模块。

④ **画布**是用来绘制流程图的地方。还要注意的是，只有我们打开的首个也是目前唯

一的页面称为 **Main Page（主页）**，它是所有流程的起点。在图 2-5 中，可以看到画布中有 3 个图块。

⑤ 一个用椭圆表示的流程起点。

⑥ 一个用相同形状表示的流程终点。

⑦ 一个**页面信息**框，提供流程的名称、描述性文字以及前提和后置条件等信息。这些信息仅作文档记录之用，会出现在系统自动生成的帮助文件中，可供他人在 Blue Prism 设计器里查找流程时使用。

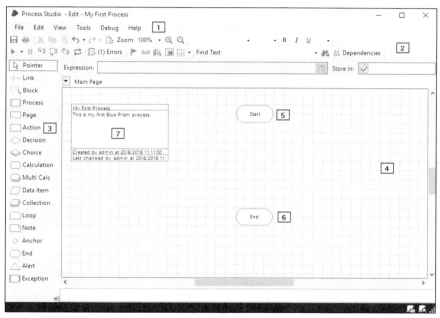

图 2-5　流程设计器构成

2.4.1　添加页

现在一起来做个简单的小练习：通过向流程中添加更多的页，绘制出示例每周杂货采购流程的框架。为了方便理解，本书的流程图都用中文描述。

（1）单击工具箱中的 Page 按钮，将 Page Stage（页阶段）拖曳到画布上。

（2）随即弹出窗口，选择 **Add a new page and create a reference（添加新页并创建引用）**后，单击 **Next** 按钮。

（3）命名新增页为 **Get List of items to purchase（获取购物清单）**，输入完成后单击 **Finish** 按钮。

（4）这时页面对象已被添加至画布中，如图 2-6 所示。此外，流程中自动添加了一个新页，作为新增标签页显示在画布上方。

图 2-6　新增获取购物清单页

（5）接下来给流程再添加 2 个页面。将 2 个页拖曳到画布上，分别命名为 **Search and Add Item to Cart（搜索商品并加入购物车）** 和 **Send Email Notification（发送通知邮件）**。完成后如图 2-7 所示。

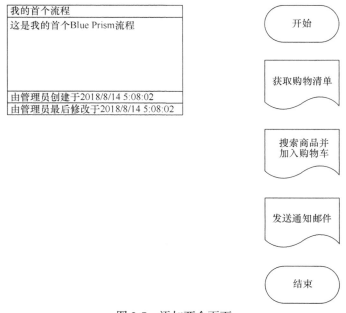

图 2-7　添加两个页面

（6）当单击工具箱中的 ┼ Link 按钮时，鼠标指针会变成下方带有连接符号的形状 ⌘ 。使用这个工具将流程的所有阶段从头到尾连接起来，完成后的流程框架如图 2-8 所示。

图 2-8　流程框架

2.4.2　编辑页

通过之前的操作，该流程新增了 3 个页，但是因为在其中尚未编辑任何代码，目前它们还是空白的。一起向每一页添加桩代码来完善流程吧！之后本书会指导读者将每一页实际应该完成的任务补充进来。

（1）单击**获取购物清单**选项卡。向主页添加页块（Page Block）时，软件已经自动创建了此页。此时除有一个 **Start（开始）** 块和一个 **End（结束）** 块之外，页面内一片空白。

（2）将工具箱中的 ▫ Note 拖曳到**开始**块与**结束**块中间，然后双击新建的 ▫ Note 注释块打开窗口，在注释文本编辑区输入 **TODO: Add the logic on how to get the list of items to purchase（待办事项：添加获取购物清单的逻辑）**等信息。完成后单击 **OK** 按钮关闭窗口。

（3）使用工具箱中的 **Link** 工具连接所有阶段。

（4）参照上述步骤完善余下 2 个页的内容。

至此，流程创建工作告一段落！还没在流程中添加太多的逻辑规则，这些规则将会在后续章节中作详细说明。截至目前，示例流程的主干部分已被连接在一起了。

2.4.3　重命名流程

前文的流程的初始命名为**我的首个流程**，可以给它起个更合适的名字来反映它的内容。以下是重命名流程的方法。

（1）返回主页。

（2）双击页面信息框。

（3）输入流程的新名称和描述。图 2-9 显示流程的新名称为 **Weekly purchase of groceries（每周杂货采购）**。

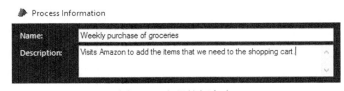

图 2-9　流程的新名字

（4）单击 **OK** 按钮关闭窗口，然后保存流程以使更改生效。

2.4.4　保存流程

最好经常保存工作内容。此外，Blue Prism 要求流程在首次运行前一定要进行保存，可以通过单击工具栏中的 **Save** 按钮 来完成。

单击 **Save** 按钮后可能会出现弹窗，要求在保存流程之前输入流程的注释，如图 2-10 所示。如果出现此弹窗，只需添加一些描述性文字来解释对流程所做的更改即可，输入的内容将会显示在流程的版本历史信息中。输入完成后，单击 **Save Changes** 按钮。

图 2-10 输入流程的注释

2.4.5 首次运行流程

现在来运行一下示例流程。找到工具栏中三角形的 **Go** 按钮 ▶ 后，单击它运行流程。

Blue Prism 设计器会逐步执行每个动作块，并突出显示当前正在执行的动作块。

如果运行顺利，即可以看到流程从开始阶段执行，然后一路向下直到最后高亮显示结束阶段，如图 2-11 所示。

图 2-11 流程运行结束

　　开发人员可以随时重复运行该流程，只需单击工具栏中的重置按钮⇄，然后再次单击 **Go** 按钮。

　　机器人会以适宜的速度运行。开发人员可以通过调整速度使它运行得更快或者更慢。请注意一下 **Play** 按钮▶·，有没有看到它旁边有一个向下的箭头？单击箭头就会出现一个速度条，通过向上或向下拖曳速度条来提高或降低速度。尝试将速度条拖到最上方使速度值达到最高，然后再次运行流程，观察机器人如何以最快的速度运行。

2.4.6　调试流程

　　单击 **Go** 按钮会使机器人不间歇地执行整个流程。若要采用更加可控的方式运行流程，可以使用工具栏中的几个调试按钮，如图 2-12 所示。

　　（1）**Step**（F11）：对应图 2-12 中标记 1，该按钮逐步执行流程的每个阶段并且会在执行完毕后停留在当前阶段；当执行到子页时，会自动遍历子页中的各个阶段。

　　（2）**Step Over**（Shift + F11）：对应图 2-12 中标记 2，与 **Step** 的效果一致；不同之处在于当执行到子页时，该按钮不会打开页面而是将它视为一个独立的单元来执行。

　　（3）**Step Out**（F10）：对应图 2-12 中标记 3，当执行到子页时，使用 **Step Out** 结束子页的执行并返回调用页。

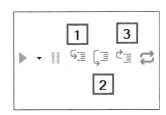

图 2-12　调试按钮

　　开发人员也可以通过右击特定阶段，然后在快捷菜单中选择 **Run to this Stage** 使流程运行到特定阶段后暂停；还可以通过选择 **Set Next Stage** 使流程从特定的阶段开始运行。

　　请再次运行流程，这次将按照以下步骤控制机器人的运行。

（1）单击工具栏中的 **Reset** 按钮 。

（2）单击 **Step** 按钮 后，机器人直接从**开始**之后的第一个阶段开始运行。在示例流程中，起始运行阶段为**获取购物清单**。

（3）还记得当 **Step** 执行落到子页时，会将其打开并且逐步执行其中的动作吗？请再次单击 **Step** 按钮，可以看到机器人打开了**获取购物清单**子页然后从**开始**阶段开始运行。

（4）现在请快进到**获取购物清单**子页的**结束**阶段。右击**结束**阶段，然后选择**运行到此阶段**，机器人就会自动从**开始**阶段运行到**注释**阶段，最后到**结束**阶段。

（5）当再次单击 **Step** 按钮时，机器人退出子页回到主页上，高亮显示下一个阶段**搜索商品并加入购物车**。

（6）为了加快运行速度，可以一步处理子页的所有操作。单击 **Step Over** 按钮 ，这次机器人不会再打开子页，而是一步处理**搜索商品并加入购物车**，然后直接跳转到下一个阶段**发送通知邮件**。

（7）请再次单击 **Step** 按钮，打开**发送通知邮件**阶段，接着单击 **Step Out** 按钮，机器人就会退出**发送通知邮件**页，回到主页上。

可见，步骤控制对于在运行流程时控制机器人非常有效。当开发人员对步骤控制越来越熟悉时，可能会更喜欢使用快捷键而不是工具栏上的按钮。

2.5　加入 Blue Prism 社区

Blue Prism 有一个提供丰富产品知识的门户网站。如果还没有登录账号，请单击登录页面上的 **Sign Up here** 链接进行注册。

网站上提取了有用的文章，几乎可以解决用户在使用 Blue Prism 时遇到的所有难题；还有一个社区可供用户发布问题，获得来自在线社区专家和 Blue Prism 团队的帮助；用户也可以在这里下载最新版本的 Blue Prism 产品、VBO 库文件和其他附加组件。本书会参考该网站提供的资料，如果还没有账户的话，就赶紧注册一个吧！

2.6　小结

本章介绍了使用 Blue Prism 创建流程的基本知识。一起创建了首个流程，完善了页面内容，还试运行了机器人并观察了它的运行状况。

第 3 章将会介绍进一步丰富流程内容，用机器人实际要执行的操作来替换桩代码（stub）。

第 3 章
页、数据项、块、集合与循环

在第 2 章中，示例流程的主干框架已初步成形，并且读者已经接触到工具箱的内容。

本章将会深入探讨使用 Blue Prism 建立自动化流程的方法，主要目标是熟悉工具箱中常用的一些阶段类型，并且使用它们向第 2 章所创建的**每周杂货采购**流程中补充更多的细节信息。首先，介绍以下阶段类型。

- **Page（页）**：作为流程容器以协助组织工作流。
- **Data Item（数据项）**：储存数据的单元，可储存如文本字符串、数字等不同类型的数据。
- **Block（块）**：将阶段或数据项分组归类。
- **Collection（集合）**：存储数据列表和表格。
- **Loop（循环）**：多次重复执行相同的步骤。

3.1 工具箱详解

在流程设计器里打开第 2 章执行过的流程，请仔细观察面板左侧的工具箱。工具箱里的功能项称为阶段类型，是构成 Blue Prism 流程的基本组件，如表 3-1 所示。

表 3-1 工具箱的阶段类型

阶段类型	描述
Pointer 指针	使鼠标指针变成指针形状，可用来选择画布上不同的阶段，对其进行移动、展开和删除
Link 连接	改变鼠标指针的形状后将不同的阶段连接起来

续表

阶段类型	描述
Block 块	创建块对阶段或数据项进行分类
Process 流程	在流程中增加子流程
Page 页	在流程中增加页（新建或是引用现有页）
Action 操作	为业务对象添加操作
Decision 决策	以菱形表示，基于某个判断标准分流流程
Choice 选择	多层决策树，按照特定的标准将流程分到多条不同的执行路径中
Calculation 运算	仅可更新一个公式并将运算值存储回某个数据项
Multi Calc 多运算	可以更新多个公式并将运算值存储回多个数据项
Data Item 数据项	用于存储单个值的容器
Collection 集合	用于存储列表的容器
Loop 循环	一种迭代集合中所有项的方法
Note 注释	允许在流程里添加注释
Anchor 锚点	通过创建不同阶段之间的中间连接点以使页面整洁有序
End 结束	指明流程或者页的结尾
Alert 警示	向流程控制者发送警示
Exception 异常	用于异常处理
Recover 恢复	用于恢复操作
Resume 继续	用于继续执行流程

3.2　页

在示例流程中用到的首个阶段类型是**页**。从理论上来说，将整个流程创建在同一个主页里是可行的，但是随着流程的复杂度和长度的增加，把所有内容都放在同一页的做法会使内容显得杂乱无章。

把页想象成是将流程分割成更小逻辑部件的隔间。试想一下，如果把所有衣服都塞到同一个衣橱隔间里，那么要从摊成一堆的衣服里找出想要的那件将会花费不少时间。但是如果有不同的抽屉，有的放衬衫，有的放裤子，也许还有的放袜子和毛巾，那么当有需要时，可以更快地找到替换衣物。

同样的道理也适用于页。本书的示例中，流程被分成 3 个子页。

- 获取购物清单。
- 搜索商品并加入购物车。
- 发送通知邮件。

通过主页将所有子页连接起来，这样流程大纲就在主页中一目了然，每一步的细节信息都被隐藏在子页里。

3.3 输入和输出

页与页之间可以相互传递信息，比如说，第一页可以将信息传递到第二页进行下一步处理。不同的页之间通过使用输出和输入进行通信。

在示例流程中，**获取购物清单**页会获取待购买的商品。在成功获得清单后，就会将其放到这一页的输出里，如图 3-1 所示。

下一页**搜索商品并加入购物车**获取清单作为输入，如图 3-2 所示。

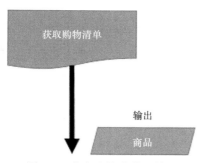

图 3-1　获取购物清单页输出

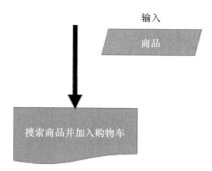

图 3-2　输入搜索商品并加入购物车

3.3.1 添加页面输出

现在将**获取购物清单**页中含有待购商品清单的集合放到输出里。

（1）打开之前创建的流程，然后开始编辑**获取购物清单**页。

（2）双击 **End** 阶段，弹出 **End Properties** 窗口。

（3）单击 **Add** 按钮即可在 **Outputs** 列表里生成新行，然后在对应列输入以下值。

- **Name（名称）**：Output-List of Items to Purchase（输出—待购商品清单）。
- **Description（描述）**：Output collection that stores the list of items to purchase（存储待购商品清单的输出集合）。
- **Data Type（数据类型）**：Collection（集合）。

（4）单击 **Get Value from** 列中的数据项按钮 ，随即自动创建名为**输出—待购商品清单**的集合，如图 3-3 所示。

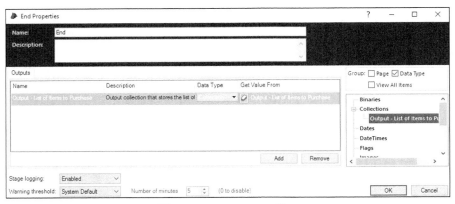

图 3-3　End Properties 窗口

（5）完成后，单击 **OK** 按钮关闭窗口。此时画布中新增了一个名为**输出—待购商品清单**的集合，如图 3-4 所示。现在这个集合还是空的，稍后会补充待购商品信息。

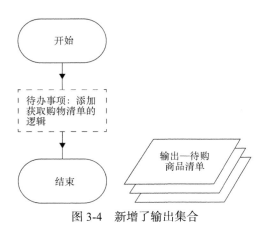

图 3-4　新增了输出集合

3.3.2　添加页面输入

接着**搜索商品并加入购物车**页开始接收待购商品清单。

（1）打开**搜索商品并加入购物车**页。

（2）双击 **Start** 阶段，弹出 **Start Properties** 窗口。

（3）单击 **Add** 按钮即可在 **Inputs** 列表中生成新行，然后在对应列输入以下值。

- **Name**：Input-List of Items to Purchase（输入—待购商品清单）。

- **Description**：Input collection that stores the list of items to purchase（存储待购商品清单的输入集合）。

- **Data Type**：集合。

（4）单击 **Store In** 列中的数据项按钮 ，随即自动创建名为**输入—待购商品清单**的集合，如图 3-5 所示。

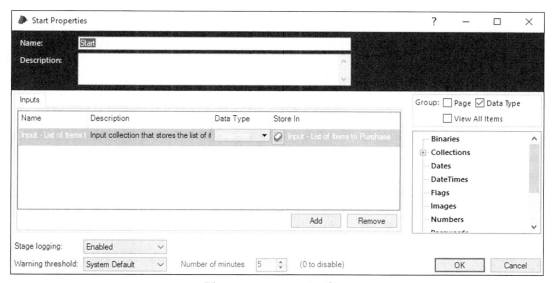

图 3-5　Start Properties 窗口

（5）单击 **OK** 按钮关闭窗口。与添加输出时一样，画布中新增了一个名为**输入—待购商品清单**集合，如图 3-6 所示。

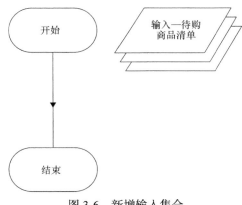

图 3-6　新增输入集合

3.3.3　跨页传递信息

已经定义好了输入和输出，现在把**待购商品清单**集合从**获取购物清单**页传给**搜索商品并加入购物车**页吧。

这两页准备要交接商品信息了，但是它们之间还不能互相通信，两者将通过主页建立联系。

（1）返回主页。

（2）通过双击**获取购物清单**页打开 **Page Reference Properties** 窗口。

（3）单击 **Outputs** 标签。请注意列表中已含有为该页定义的输出集合。

（4）**Store In** 字段栏告知 Blue Prism 输出集合的存储位置，在其中输入**待购商品清单**作为新集合的名称，但是由于还没有创建过这个新集合，因此单击数据项按钮 ⊘，系统会自动创建同名的集合，如图 3-7 所示。

（5）单击 **OK** 按钮关闭 **Page Reference Properties** 窗口。现在**获取购物清单**页能够把**待购商品清单**集合传给主页了。

（6）接着继续把此集合作为输入传给**搜索商品并加入购物车**页。双击主页中的**搜索商品并加入购物车**页，打开 **Page Reference Properties** 窗口。

（7）请注意窗口中的 **Inputs** 选项卡，之前定义的**输入—待购商品清单**集合已经出现在列表中。将面板右侧的**待购商品清单**集合拖曳到 **Value** 里，完成后的窗口如图 3-8 所示。

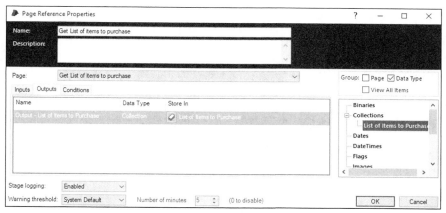

图 3-7 自动创建同名的集合

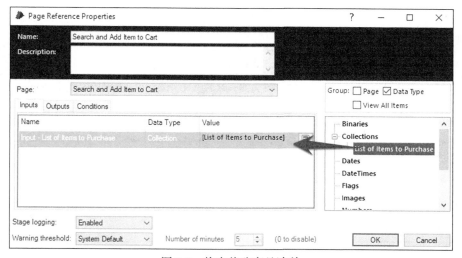

图 3-8 拖曳待购商品清单

（8）单击 **OK** 按钮关闭窗口。

现在**搜索商品并加入购物车**页就能够收到**待购商品清单**集合了。

3.4 数据项

还记得上学时数学课上学过的代数吗？在代数方程中，我们采用变量表示待求解的未知数，如下文所述。

```
X = 10
Y = 8
Z = X + Y
```

然后学到了求解 Z 的方法。在上文的代数方程中，Z 等于 18。

数据项就是 Blue Prism 里的 X 变量和 Y 变量，用于存储示例流程中用到的表达式、决策条件和计算公式，包括待购商品数量、购买者邮件地址和购物网址等。

数据项可以包含文本、数字和日期等各种类型的数据。Blue Prism 可以识别的数据项类型如表 3-2 所示。

表 3-2 数据项类型

数据项类型	描述
Date	存储日期
DateTime	存储日期和时间值
Number	可以是整数、小数、正数或者负数；同样也可以存储金额
Password	显示为一系列圆点的掩码文本；顾名思义，该变量通常用来存储从 Blue Prism 凭据管理器处获得的密码
Text	存储字符串
Time	存储时间值
TimeSpan	存储时间的长度
Image	存储图像
Binary	存储二进制数据，比如文件

3.4.1 添加数据项

一起来添加一个用以存储含有待购商品清单的数据项的 Excel 文件路径吧。后续章节的内容会包含命令机器人用该路径值打开对应的 Excel 文件。

（1）打开**获取购物清单**页。

（2）从工具箱中拖曳一个数据项到画布里。

（3）双击新建的数据项，弹出 **Data Properties** 窗口，然后输入以下信息项。

● **Name**：Shopping List Excel File Path（购物清单 Excel 文件路径）。

- **Data Type**：Text（文本）。

- **Initial Values（初始值）**：C:\Shopping\ShoppingList_Henry.xlsx。

（4）单击 **OK** 按钮关闭窗口。数据项在画布上显示为平行四边形，图形中含有其名称和所设的初始值，如图 3-9 所示。

购物清单 Excel 文件路径
C:\Shopping\ShoppingL
ist_Henry.xlsx

图 3-9　新增数据项——购物清单 Excel 文件路径

3.4.2　使数据项跨页可见

数据项默认为仅在其所位于的页面内可见。在**获取购物清单**页可以使用新建的名为 **Shopping List Excel File Path（购物清单 Excel 文件路径）**的数据项来读取 Excel 文件的内容（现在还没有真的去读取，但是稍后会介绍如何做）。但是如果想在**搜索商品并加入购物车**页或其他页中获取 Excel 文件的路径值，目前还无法做到。

要使数据项跨页可见（也称为全局数据项），需要设置数据项的可视化属性。接下来一起将**购物清单 Excel 文件路径**数据项全局化。

- 双击**购物清单 Excel 文件路径**数据项，打开属性窗口。

- 取消勾选 **Visibility** 复选框，然后单击 **OK** 按钮关闭窗口。

现在**购物清单 Excel 文件路径**数据项就可以被流程内的其他任意页调用了。

何时使用输入/输出，又何时使用全局数据项？

输入/输出和全局数据项都可以跨页传递信息。这两种方法看上去都是在传递信息，那么什么时候该用哪一种呢？开发人员可以选择将所有共享数据项定义为全局变量，也可以将其设为输入/输出。由于全局数据项往往会被滥用，当存在很多全局数据项时，追踪它们使用的位置和用途会变得很麻烦。根据经验，只有一个数据项真的被全局使用时，才将其定义为全局数据项。

3.5　块

正如用页将一个庞大的流程分割成一个个任务一样，**块**也可以用来把同类的数据项归类在一起。当向页阶段和操作阶段添加输入和输出时，Blue Prism 会自动创建数据项然后放置在画布上。在创建流程时，这些数据项会分散在页面的各个角落，变得难以寻找。

建议使用块来整理数据项。它不会改变流程的操作或者以其他任何方式改变流程，仅仅增加了流程图的视觉吸引力，使流程更易于阅读和维护。

常见的数据项分组方法有以下几种。

- **Input**（**输入**）：把一页中所有的输入放在同一个块里。
- **Output**（**输出**）：把一页中所有的输出放在同一个块里。
- **Local**（**本地**）：把仅在当页使用的数据项放在同一个块里。
- **Global**（**全局**）：把所有页共用的数据项放在同一个块里，一般将全局块放在主页上。

块同时也应用于将共用一个异常处理的阶段归类在一起，将会在后续章节中深入了解这部分内容。

现在一起来整理示例流程页面里的数据项吧。

（1）打开**搜索商品并加入购物车**页。

（2）单击工具箱里的名为 **Block** 的阶段类型。

（3）在画布上单击、拖曳出一个足以容纳本页所有数据项的框，其默认名称是 **Block 1**。

（4）双击名为 **Block 1** 的白色小框（请注意：不能双击其他地方，必须双击在名称上），弹出 **Block Properties** 窗口，在此处将块的名称修改为**输入**。

（5）单击 **OK** 按钮关闭窗口。接下来要把数据项移动到这个块里。在此之前，单击工具箱里的指针将鼠标切换回指针模式。

（6）将**输入—待购商品清单**集合拖曳进**输入**块中，效果如图 3-10 所示。

本书会继续使用块将其他数据项分类，就像把桌

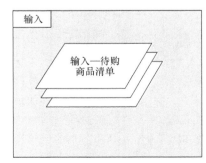

图 3-10　输入块

面整理得干净整洁会使编程体验更加愉快和有序一样。

3.6 集合

集合适用于存储各式各样的列表。它是一种很特别的 Blue Prism 数据项类型，能够在单个表格里存储多行数据。

开发人员希望机器人能处理的典型列表类型包括 Excel 工作簿和数据表。只要有数据，就可以训练机器人读取并将其存储于集合。

定义集合

之前已经在**获取购物清单**页里创建了一个名为**输出—待购商品清单**的空集合，该集合不含任何表头和数据行。现在继续定义一个如表 3-3 所示的商品清单表格。

表 3-3　　　　　　　　　　　　　　　　商品清单

商品名称
低碳水燕麦片（Low carb granola cereal）
Cap'N Crunch 早餐麦片（Cap'N Crunch breakfast cereal）

（1）打开**获取购物清单**页。

（2）双击**输出—待购商品清单**集合，弹出 **Collection Properties** 窗口。

（3）现在要向集合中添加一列数据。单击 **Collection Properties** 窗口中的 **Add** 按钮，然后在 **fields** 选项卡中出现新行，分别在对应列中输入以下信息。

- **Name**：Item Name（商品名称）。

- **Data Type**：文本。

- **Description**：The name of the item to purchase（待购商品名称）。

（4）单击 **Initial Values** 标签。因为尚未添加任何数据，目前购物清单仍为空白。继续单击 **Add Row** 按钮，在选项卡内随之出现填写数据的文本框，依次添加待购商品和发起者的名字，如图 3-11 所示。

后文会介绍如何训练机器人自行获取 Excel 表格薄里的待购商品清单，现在暂时先手动把值输入到集合里，如图 3-11 所示。

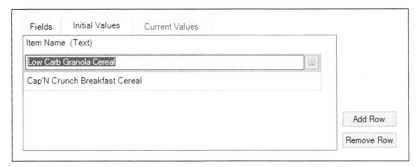

图 3-11　Initial Values 选项卡

（5）至此，集合已经定义好了。单击 **OK** 按钮关闭 **Collection Properties** 窗口，然后查看画布上的集合。因为清单里刚新增了两个商品，在集合名称下会显示"Row 1 of 2"（可能需要放大集合的视窗尺寸才能看到全部文字），如图 3-12 所示。

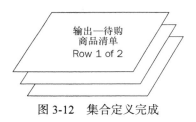

图 3-12　集合定义完成

3.7　循环

集合用于存储多行数据，而循环用于遍历数据并进行处理。图 3-13 所示为一个循环的示例。

循环总是开始于一个特定的集合，比如说 **Items to Purchase（待购商品）**集合。循环一开始会读取第一行数据即低碳水燕麦片，接着机器人执行**阶段 1** 和紧跟的**阶段 2** 来购买低碳水燕麦片。在处理完**阶段 2** 后，机器人会检查集合里是否还有未被处理的行。如果有，就会自动回到**阶段 1** 继续循环；如果没有，则会执行**阶段 3**。

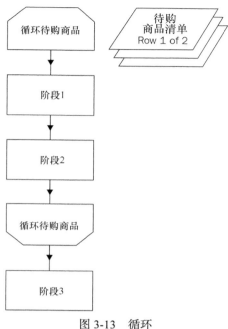

图 3-13 循环

添加循环

现在已经创建好了存储待购商品清单的集合。下一步会让机器人查看每个商品并且尝试购买。

（1）打开**搜索商品并加入购物车**页。

（2）之前简单地连接了**开始**阶段和**结束**阶段。因为打算在流程中插入其他步骤，所以需要删除这个连接。单击连接线上的箭头并且按键盘上的 **Delete** 键，完成后效果如图3-14 所示。

（3）从工具箱中拖曳一个 **Loop（循环）**阶段，直接放到画布中**开始**阶段的正下方。请注意循环总是成对出现的，由一个 **Loop Start（循环开始）**和 **Loop End（循环结束）**组成，如图 3-15 所示。

（4）双击**循环开始**阶段（注意：不是**循环结束**阶段），在弹出的 **Loop Properties** 窗口中命名循环。通常的命名方式会包含所循环的集合名称，这样从视觉上很容易分辨循环的是哪个集合。此处输入：**Loop Input-List of Items to Purchase（循环输入—待购商品清单）**。

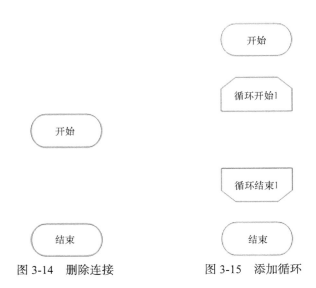

图 3-14　删除连接　　　　图 3-15　添加循环

（5）在 Collection 下拉列表框中选择**输入—待购商品清单**。完成后窗口如图 3-16 所示。

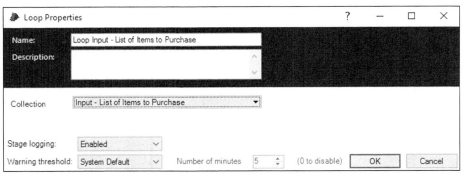

图 3-16　Loop Properties 窗口

（6）单击 OK 按钮关闭窗口。返回画布，循环如图 3-17 所示。

（7）使用 **Note（注释）**阶段来虚拟商品采购。将**注释**阶段拖曳到中间，注释内容为**搜索商品并加入购物车**。后文会指导创建完整的操作指令，但是现在暂时先把注释当作此操作的占位符。

（8）把这些阶段连接在一起，成果如图 3-18 所示。

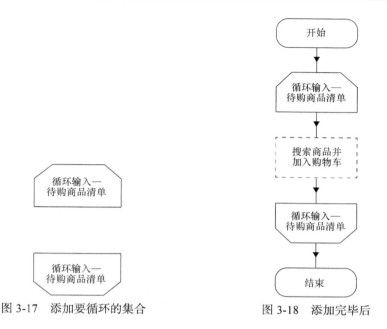

图 3-17 添加要循环的集合　　　　　图 3-18 添加完毕后

重置流程后，再次运行。观察机器人如何执行两次循环——集合内两个商品各执行一次。

在定义循环时，开发人员常犯的错误之一是没有设置循环异常处理机制。譬如，集合内有 10 个数据项，如果在处理第 3 个数据项时发生错误，流程就会立刻停止，那么后面的 7 个数据项就不会再被处理了。

建议在循环内设置异常处理。这样，当在处理第 3 个数据项出错时，流程会记录下异常情况，然后继续处理第 4 个数据项。

下面会更加详细地介绍异常处理并且明确地给出管理循环异常的办法。

3.8　使用校验工具检查错误

流程初稿已经完成了，那有没有错误呢？Blue Prism 自带的校验工具可以帮助开发人员找到无意中造成的配置错误。它不是用来检查所编译的代码是否让机器人买到了正确的产品或者是否将邮件发给了正确的人，它更像是微软 Word 软件里的拼写和语法检查工具。但它也不是用来检查代码的拼写和语法，而是找出流程中的配置错误。错误情况有以下几种。

- 阶段未连接任何内容。

- 数据项缺失。

- 业务对象缺失。

- 连接缺失。

- 页缺失。

现在一起来发现示例流程中的配置错误吧!

（1）首先故意制造一个错误。在**发送通知邮件**页上，删掉**开始**阶段和**结束**阶段之间的连接线。

（2）找到工具栏中的校验按钮，它旁边的数字表示 Blue Prism 目前能发现的错误数量。图 3-19 表示目前有一个错误需要修复。

图 3-19　校验按钮

（3）单击校验按钮，弹出 **Process Validation** 窗口，流程中所有的错误和修改建议（或是警示）都被罗列在内。Blue Prism 探测到**发送通知邮件**页内缺失连接，如图 3-20 所示。

图 3-20　Process Validation 窗口

（4）单击 **Go To Stage** 按钮，移动到问题区域。Blue Prism 会自动切换到问题页面，并且高亮显示错误的阶段，如图 3-21 所示。

图 3-21 出错阶段

（5）重新连接**开始**和**结束**以修复错误，然后再次单击校验按钮，此时错误数量显示为零。

校验工具还会提醒**购物清单 Excel 文件路径**数据项被创建了但是没有被使用。这是因为流程建设还未完成，可以暂时先忽略这个警告。

3.9 小结

本章介绍了如何使用页来划分流程的逻辑，以便将其分解为更小、更易维护的单元，然后还添加了输入和输出，见证了页与页之间如何传递信息。

接着介绍了数据项以及如何使用它们来存储流程中所用到的各种类型的信息。比如，若要存储多行数据，就要使用集合而不是单一数据项。

此外，还介绍了循环的重要概念。创建机器人是为了执行重复的任务，而循环正中核心，能够让机器人一次又一次地重复执行一系列指令。

最后，使用了内置的校验工具来协助检查流程中可能会出现的语法错误。

第 4 章将会关注在流程中用到的其他阶段类型，也就是操作（Action）、决策（Decision）、选择（Choice）和运算（Calculation）。

第 4 章
操作、决策、选择与运算

本章将继续构建**每周杂货采购**流程，并在此过程中讲解工具箱里的其他阶段，主要有以下几种。

- **Action（操作）**：充当机器人的手臂，进行单击按钮或按键盘等操作。
- **Decision（决策）**：使机器人能够根据预定的算法选择要执行的路径。
- **Choice（选择）**：协助机器人进行一系列决策。
- **Calculation（运算）**：建立公式和表达式以确定某个对象的值。

开发人员使用这些阶段教会机器人思考。这些阶段对于构建流程至关重要，没有它们，构建的流程就失去了意义。

4.1　操作

Blue Prism 内置一组随时可用的库，这组库可以与各种应用程序和常用函数集成，大大加快了开发速度。库有两种类型：内部业务对象（Internal Business Object，IBO）和可视业务对象（Visual Business Object，VBO）。

内部业务对象是 Blue Prism 的核心并且被内置于应用程序中。一些常用的内部业务对象如下所述。

- **Collection（集合）**：添加或复制行、对行与列计数、删除所有行或者某一行。
- **Calendar（日历）**：提供从 Blue Prism 系统日历获取工作日和公共假期的操作。
- **Work Queue（工作队列）**：对工作队列的各种操作，稍后再介绍。
- **Credential（凭据）**：获取并设置存储于 Blue Prism 的密码，机器人用其访问各种应用程序。

可视业务对象是由 Blue Prism、第三方供应商或者开发人员自己开发的拓展工具，需要将其发布更新到 Blue Prism 系统才能被使用。"可视"是指这些拓展工具通常（但并不总是）应用于外部应用程序，比如 Microsoft Excel、Outlook、Word 和 Internet Explorer。有些拓展工具可以提供更加简便地操纵数据的方式，可处理的数据类型有字符串、日期和数字等。

正是由于这组几乎"无所不含"的库，Blue Prism 才能以尽可能少的构建时间实现尽可能多的自动化。在第 5 章中，读者将学习如何构建自己的可视业务对象。现在就来试一试已经准备好的内部业务对象——**集合**吧！

添加操作以统计集合的行数

可以使用内部业务对象**集合**来统计**待购商品清单**集合中的商品数量，稍后在查看清单是否为空时会需要这个统计数（当没有订单时，就无须进行任何购买）。请在第 3 章的基础上继续构建**每周杂货采购**流程。

（1）打开**每周杂货采购**流程的**搜索商品并加入购物车**页，开始编辑。

（2）删除**开始**阶段和**循环**开始阶段之间的连接线，如图 4-1 所示。

（3）从工具箱中拖曳一个 **Action**（**操作**）到画布上，把它放在**开始**阶段的正下方，如图 4-2 所示。

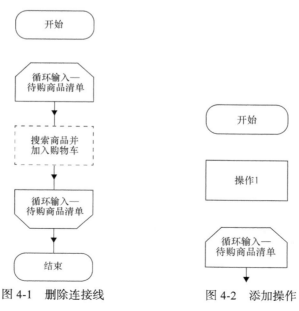

图 4-1　删除连接线　　　　　图 4-2　添加操作

（4）双击刚才新建的**操作阶段**，打开 **Action Properties** 窗口。

（5）在 **Name** 栏输入 **Count the number of items to purchase**（统计待购商品数量）。

（6）向下滚动 **Business Object** 下拉列表框，直到**内部业务对象**部分可见，然后选择 **Collections**。

（7）在 **Action** 下拉列表框中，选择 **Count Rows**。

（8）现在将说明要统计行数的集合。在 **Inputs** 标签页的 Value 列中输入集合的名称，其类型为 **Text**，输入 **Input - List of Items to Purchase**（输入—待购商品清单）。因为系统默认名称为 **Text** 类型，所以请记得在名称两边加上英文的双引号。完成后如图 4-3 所示。

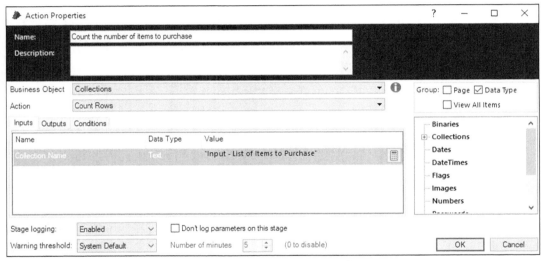

图 4-3　Action Properties-Inputs 窗口

（9）单击 **Outputs** 标签，可以看到在操作的输出列表中已经列出了一个名为 **Count** 的行，它含有集合行数的统计值。开发人员所要做的就是告知 Blue Prism 存储它的数据项名称。

（10）在 **Store In** 字段栏中输入 **Number of Items of Purchase**（待购商品数量），请注意，实际输入时不含双引号。因为尚未创建此数据项，所以请单击数据项按钮使 Blue Prism 自动完成创建。一旦创建完毕，数据项就会出现在界面右侧的数据浏览器中，如图 4-4 所示。

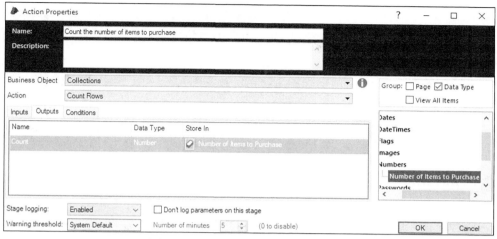

图 4-4 Action Properties-Outputs 窗口

（11）单击 **OK** 按钮关闭窗口。

（12）最后连接各个阶段，成果如图 4-5 所示。

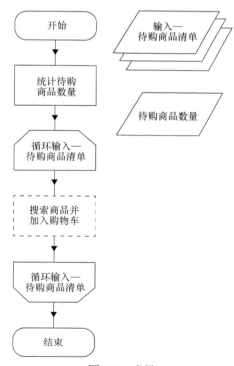

图 4-5 成果

运行流程，结束后请查看名为**待购商品数量**的数据项（可能需要把它调整到更大尺寸），在其名称下有一个数字"2"，这意味着流程正确地统计到集合中有两行数据，如图 4-6 所示。

还有其他更多的操作可以用来搭建流程，随着示例流程搭建工作的逐渐深入，将会使用更多的操作，甚至可以自定义一些操作。

图 4-6　待购商品数量数据项

4.2　决策

当在画布上绘制工作流程时，有时候会需要机器人做决策。识别问题是决策的起点。与困扰哲学家的开放式问题不同，机器人所要处理的问题总是会有一个"是"或者"否"的答案，比如，天气热吗？是（热），那么吃点冰激凌；否（不热、天气冷）则喝点热巧克力。在编程时，使用 if-else 句式构建**决策（Decision）**阶段，它在流程图中以菱形表示，如图 4-7 所示。

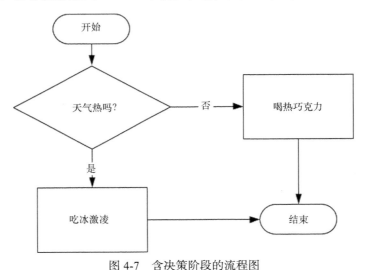

图 4-7　含决策阶段的流程图

4.2.1　添加决策以决定是否继续购买商品

一起向每周杂货采购流程中添加**决策**阶段吧！在统计完商品数量后，如果发现列表为空，那么就会决定不再将商品加入购物车了。

（1）打开**搜索商品并加入购物车**页。

（2）删除 **Count the number of items to purchase**（统计待购商品数量）与**循环**开始阶段之间的连接，如图 4-8 所示。

（3）将一个**决策**阶段拖曳到**循环**开始阶段的正上方，如图 4-9 所示。

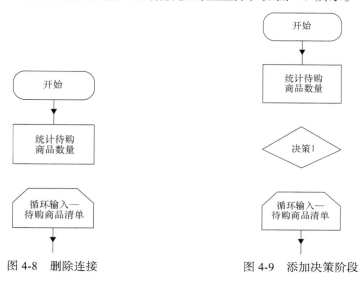

图 4-8　删除连接　　　　　　图 4-9　添加决策阶段

（4）双击新建的**决策**阶段，弹出 **Decision Properties** 窗口，请查看下列两个关键区域。

● 阶段的 **Name**。通常以问句的形式来表示决策的名称，针对此例，输入 Is the list empty?（列表是否为空？）

● **Expression**（**表达式**）是可以推导出问题答案的公式。请在此输入由机器人运算的表达式，以查看列表是否为空。不用担心不知道要输入什么，本书将带领读者在后文的练习中完成这一步，现在暂时留空。

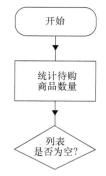

图 4-10　连接两个阶段

（5）单击 **OK** 按钮关闭窗口。

（6）**决策**阶段已经配置好了，现在把它与页面上的其他阶段连接起来。如图 4-10 所示，连接**统计待购商品数量**阶段和名为**列表是否为空？**的**决策**阶段。

（7）把一个**结束**阶段拖曳到**决策**阶段的旁边，如图 4-11 所示。

（8）连接名为**列表是否为空？**的阶段与**结束**阶段，如图 4-12 所示。请注意箭头旁出现了一个是，这意味着当问题**购物车为空吗？**的答案为**是**时，流程会执行**结束**阶段。

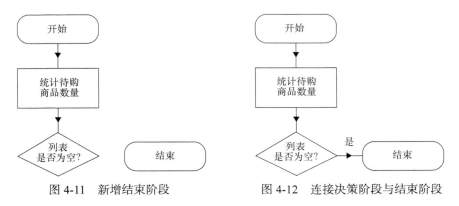

图 4-11　新增结束阶段　　　　　　图 4-12　连接决策阶段与结束阶段

（9）将**列表是否为空?** 阶段与**循环开始**阶段连接起来。此时，箭头上显示的文本为**否**。当待购商品清单非空时（列表中存在订单），意味着有商品要采购，那么就会触发流程执行任务，此时流程如图 4-13 所示。

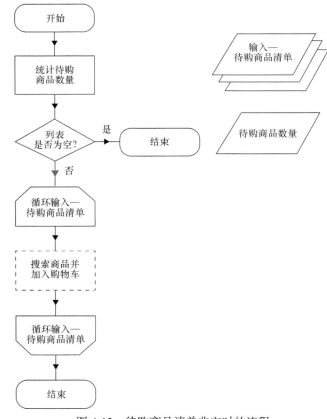

图 4-13　待购商品清单非空时的流程

4.2.2　创建表达式

虽然流程图看起来已经是完整的，但是还记得阶段**列表是否为空**？没有表达式吗？现在它只是个空壳儿。如果没有表达式，机器人就不能理解列表为空的意思。此时要做的是构建表达式以说明列表是否为空。

当**待购商品数量**为零时，列表将被视为空。只要清单中至少有一个商品，就需要进行采购。规则清楚了，现在就开始吧！

（1）双击 **Is the list empty?**（列表是否为空？）阶段，打开 **Decision Properties** 窗口。请注意窗口的下半部分，如图 4-14 所示。

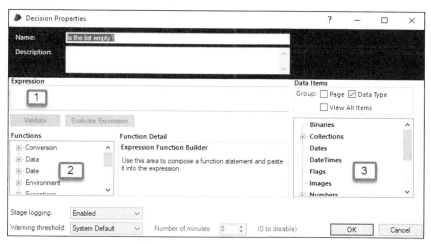

图 4-14　Decision Properties 窗口

表达式构建器（Expression Builder）被分成了以下 3 个区域。

① **Expression**（表达式）处于窗口的中间位置，可以直接输入表达式或者使用表达式构建器生成一个表达式。

② **Functions**（函数）位于界面左侧，系统有很多内置函数可以用于计算。它们与 Excel 的常用函数非常类似。

③ 界面右侧为 **Data Explorer**（数据浏览器），展示在流程中定义过的数据项。

Blue Prism 的优点在于它提供了拖曳组件构建公式的便利操作，使用户不必——输入公式。一起通过生成表达式来决定待购商品清单是否为空吧！

接下来要检查**待购商品数量**是否为零。

（2）展开 **Functions** 列表中的 **Logic** 函数，单击选中 Equal(=)函数。请注意图 4-15 中的 **Function Detail** 显示了该函数的描述和输入变量，函数的描述为 Equal 函数通过输出标识符来指明一个值是否等于另一个值。例如，5=3+2 的结果为 True。另外，函数有以下两个运算数。

- **Operand A**（运算数 A，等号左侧的内容）。
- **Operand B**（运算数 B，等号右侧的内容）。

 这项特色功能非常有用。在开发过程中有太多的函数要铭记在心，有了这个构建器就不必耗费脑力去牢记所有细节，也可以避免粗心的打字错误。

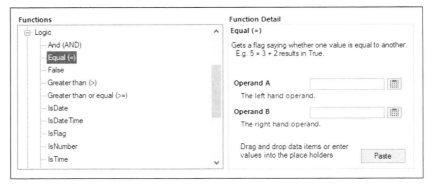

图 4-15　Functions 与 Function Detail

（3）现在只需要填写 **Operand A** 与 **Operand B** 的内容。

（4）先来填写 **Operand A**。在 **Data Explorer** 中，展开 **Number**（数字），然后将**待购商品数量**数据项拖曳到**运算数 A** 中。

（5）接下来在 **Operand B** 中输入 0。

（6）最后单击 **Paste** 按钮，生成如图 4-16 所示的表达式。

图 4-16　生成表达式

可以注意到数据项两边有方括号。跟随构建过程，将会看到更多表达式的示例。

在表达式的下方有两个按钮：**Validate**（检验）和 **Evaluate Expression**（评估表达式）。让我们看一看它们的作用是什么。

4.2.3 检验表达式

Validate 按钮用于检查语法错误，在手动输入表达式时尤其有用。它的工作原理与 Word 中的拼写检查功能相似，可以协助人们检测表达式中存在的结构性错误。现在单击 Validate 按钮来检查刚才生成的表达式中的错误。因为使用了构建器创建表达式，所以基本上不会有错误，此时 Blue Prism 提示表达式有效。

现在尝试制造一个错误的表达式。删除等号右侧的数字"0"，表达式变成了：[Number of Items to Purchase] = 。

再次单击 Validate 按钮。这次，Blue Prism 检测到表达式有错，提示"运算符'='的右侧要求有表达式，但找不到该表达式"（见图 4-17）。

最后请重新输入数字"0"纠正表达式的错误。

图 4-17　报错信息

4.2.4 评估表达式

评估表达式按钮使人们有机会使用测试值运行表达式，以便查看表达式是否有效。它在构建复杂表达式时相当有用，因为在将表达式嵌入流程之前可以用它检查其中是否存在逻辑错误。

下面来看它是如何起作用的。

（1）单击 **Evaluate Expression** 按钮，打开 **Expression Test Wizard**。

（2）将**待购商品数量**设置为"0"。

（3）单击 **Test** 按钮，可以注意到表达式的结果为"True"，这表示当**待购商品数量**为"0"时，表达式认定列表为空。

（4）现在重复评估。这次将**待购商品数量**设置为"1"，表达式的结果为"False"，这表示列表非空。

（5）继续使用更多的临时值评估表达式。完成后，单击 **Close** 按钮退出向导。

既然已经检查并且评估了表达式，现在返回流程。单击 **OK** 按钮关闭 **Decision**

Properties 窗口。

4.3　选择

选择（Choice）阶段与决策阶段非常类似。在上文中，介绍了一个**决策**阶段只能提一个问题，例如：天气热吗？它总是会有一个"是/否"型的答案。选择阶段是由多个**决策**阶段组成的，使开发人员能够通过编程实现多条件决策组合，从而创建更加复杂的流程，如下所述。

- 如果气温≥**30℃**，那么吃冰激凌。

- 如果 **25℃≤气温<30℃**，那么喝冰水。

- 否则，当气温<**25℃**时，喝热巧克力。

图 4-18 包含上述逻辑的流程。可以看到，流程图由很多决策菱形组成。

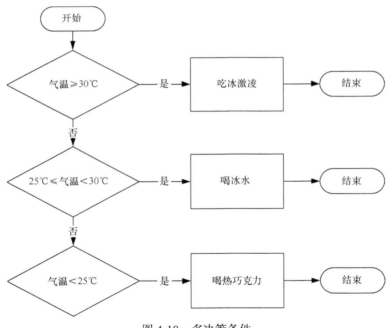

图 4-18　多决策条件

使用选项以确定发起者的邮箱地址

在上文定义**待购商品清单**集合时，已经提供了商品名称和发起者的名字。现在根据发起者的名字获取他们的邮箱地址，以便在流程结束时通知他们商品是否购买成功。

这里会用到一个将姓名与邮箱地址相匹配的通信信息查询表，如表 4-1 所示。

表 4-1 通信信息查询表

姓名	邮箱地址
Henry	henry@somewhere.com
Peter	peter@somewhere.com
Margaret	margaret@somewhere.com
Otherwise	admin@somewhere.com

一起使用**选择**阶段将这个匹配逻辑添加到流程里吧。

（1）打开**发送通知邮件**子页，删除**开始**与**结束**阶段之间的连接线。

（2）向子页中添加**数据项**，属性值如下。

● **Name**：Requester（发起者）。

● **Data Type**：文本。

（3）再向子页中添加另一个**数据项**，属性值如下。

● **Name**：Email address（邮箱地址）。

● **Data Type**：文本。

（4）将一个**选择**阶段拖曳到**开始**阶段的下方，程序在画布上自动绘制出两个菱形（见图 4-19），第一个菱形称之为**选择1**（Choice1），第二个为**其他 1**（Otherwise1）。

图 4-19 添加选择阶段

（5）双击**选择 1**，弹出 **Choice Propertyies**（选择属性）窗口，然后将该阶段重命名为 **Get Email Address of Requester**（获取发起者邮箱地址）。

现在请仔细观察 **Choice Properties** 窗口，它由以下两列组成。

● **Choice Name**（选择名称）：一个协助用户描述问题的标签。

● **Choice Criterion**（选择标准）：用来评估判断条件是否被满足的表达式。

（6）现在列表还是空的。单击 **Add** 按钮 3 次以插入 3 个新行，按图 4-20 所示的内容完善列表信息。

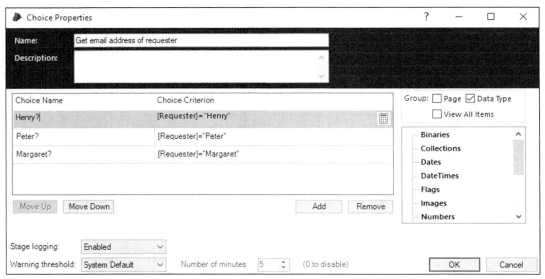

图 4-20 新增 3 行

TIP 可以选择手动输入表达式或者通过单击计算器按钮▦打开**表达式编辑器**创建表达式，采取何种输入方式完全取决于开发人员。

单击 **OK** 按钮关闭窗口。此时，流程图中的 2 个较大的菱形之间新增了 3 个小菱形。1 个小菱形代表选择列表中的 1 个**选择**阶段。先前添加了 3 个**选择**阶段，因此现在有 3 个小菱形，如图 4-21 所示。

（7）在画布中添加 4 个**运算**阶段。在每个小菱形旁边放上 1 个**运算**阶段，多出的那个放在**其他 1** 的旁边，如图 4-22 所示。

（8）使用 **Link** 工具将每个小菱形与它旁边对应的**运算**阶段连接起来。在连接之后，可以看到在选择属性窗口中用来描述选择的标签出现了，如图 4-23 所示。

（9）稍后将进一步介绍**运算**阶段。现在双击**运算 1**，然后进行参数配置，详情请参考图 4-24。

- **Name**：Set Email Address（设置邮箱地址）。

- **Expression**："henry@somewhere.com"（请勿遗漏英文双引号）。

- **Store Result in（存储结果于）**：邮箱地址（从数据浏览器中拖曳）。

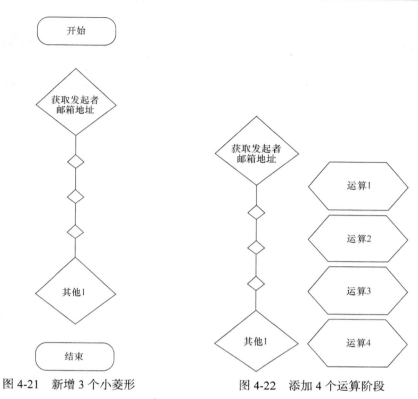

图 4-21 新增 3 个小菱形

图 4-22 添加 4 个运算阶段

图 4-23 连接小菱形与运算阶段

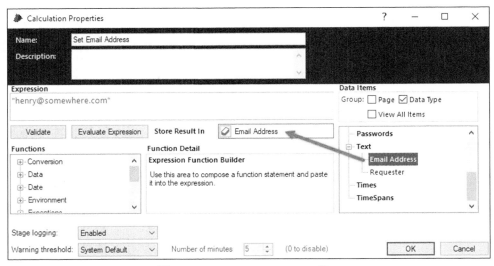

图 4-24　Calculation Properties 窗口

（10）重复上述步骤，分别填写 Peter、Margaret 和管理员对应的**运算 2**、**运算 3** 和**运算 4** 阶段的属性信息（管理员是**其他 1** 对应的邮箱地址）。

（11）使用锚点阶段将连接布置整齐，如图 4-25 所示。

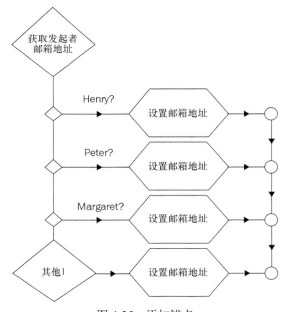

图 4-25　添加锚点

（12）最后分别连接**开始**阶段与**获取发起者邮箱地址**阶段，以及**其他 1** 与**结束**阶段，完成后如图 4-26 所示。

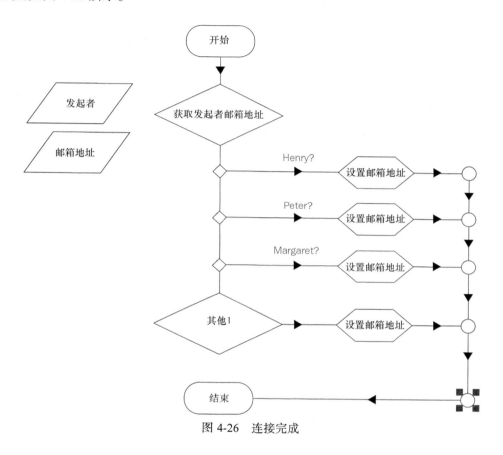

图 4-26 连接完成

将流程保存后进行试运行。例如，在**发起者**数据项中插入 **Henry** 作为初始值，然后观察机器人如何运行到路径 **Henry**？并将邮箱地址设置为 henry@somewhere.com。完成后，重复测试其他邮箱地址并观察起作用的**选择**阶段。

4.4 运算

在介绍**选择**阶段时，已经对**运算（Calculations）**阶段先睹为快了，本节将会更加深入地讲解**运算**阶段。大家已经对数学运算耳熟能详了，比如在学习数据项时讲解的以下示例。

```
X = 10
Y = 8
Z = X + Y
```

Z 的值是多少？虽然可以拿出计算器计算 *Z*=10+8=18，但是机器人会使用**运算**阶段去应用公式获得答案。

 事实上，**运算**阶段能做的远不止数字计算。在下个示例中，将使用**运算**阶段为订单发起者生成邮件内容，以便让他知晓商品已经被添加到购物车了。

邮件通知的运算式

请参照下文的步骤编写一封在机器人完成添加商品至购物车的步骤后要发送的电子邮件。提前准备一个包含以下文本信息的邮件模板。

```
Hi <Requester>
I have completed adding your items to the cart.

regards
Robot
```

运算会用购买者的真实名字替换<Requestor>文本，比如用 Henry 替换，这使邮件更加个性化。

（1）打开**发送通知邮件**页。

（2）从工具箱中拖曳一个**数据项**到页面上，属性值设置如下。

● **Name**：Email Template（邮件模板）。

● **Data Type**：Text。

（3）在 **Initial Value** 一栏，输入邮件模板的文本信息。单击文本框末尾双点形状的按钮 打开 **Multiline Edit**（多行编辑器），如图 4-27 所示。

（4）继续添加另一个数据项，配置如下。

● **Name**：Email Message（邮件信息）。

● **Data Type**：Text。

（5）删除**开始**阶段与**获取发起者邮箱地址**阶段之间的连接。

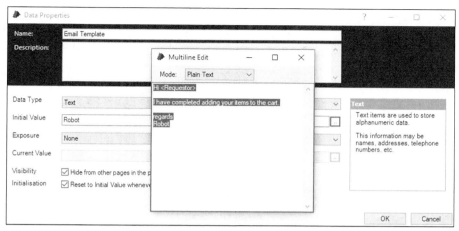

图 4-27 Multiline Edit

（6）将一个**运算 1** 阶段拖曳到**开始**阶段的正下方，双击刚才新建的**运算 1** 阶段以编辑属性，将阶段命名为 **Prepare Email（准备邮件）**，成效如图 4-28 所示。

（7）现在开始创建表达式。首先在 **Functions** 列表中，选择 **Text | Replace**，然后请查看 **Function Detail**，该函数需要 3 个输入参数：**Text**、**Pattern** 与 **NewText**。

- **Text** 用于查找待处理的原始文本，它在 **Email Template（邮件模板）**中已经定义过了。从 **Data Explorer** 将 **Email Template** 拖曳到 **Text** 中。

- **Pattern** 是在待替换的文本中要查找的字符串。本示例的模板为字符串<Requester>，请将其输入。输入时请勿遗漏英文双引号。

- **NewText** 告知机器人用于替换模板字符串的内容。在本示例中，将用发起者的真实姓名替换模板字符串，请从 **Data Explorer** 中将数据项 **Requester（发起者）**拖曳到 **NewText** 栏中。完成后的效果如图 4-29 所示。

图 4-28 添加运算阶段

（8）完成后，单击 **Paste** 按钮。请查看 **Expression** 框中显示的表达式，如图 4-30 所示。

（9）现在把这个表达式的输出存储于数据项 **Email Message（邮件信息）**中，以便后续在流程中使用。要执行此操作，请从 **Data Explorer** 中将**邮件信息**拖曳到 **Store Result**

In 字段栏中，完成的窗口如图 4-31 所示。

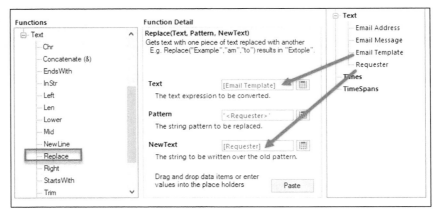

图 4-29　替换文本

图 4-30　表达式

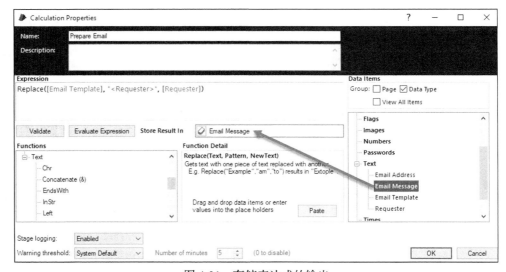

图 4-31　存储表达式的输出

（10）单击 **OK** 按钮关闭 **Calculation Properties** 窗口。回到画布上，将所有的阶段

连接起来，完成后的流程如图 4-32 所示。

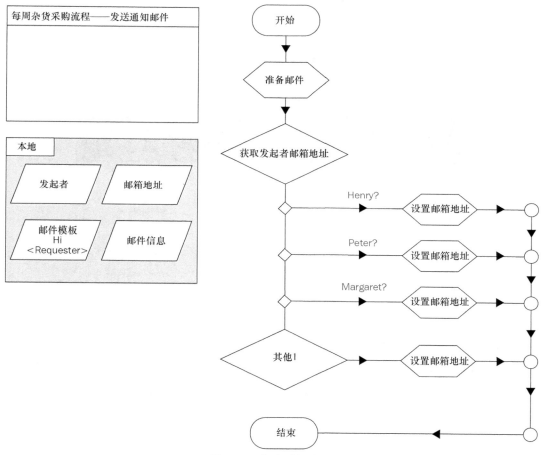

图 4-32 完成后的流程

通过在数据项**发起者**中设置不同的购买者姓名，对页面进行测试运行。在设置不同的姓名时，请留意**邮件信息**的变化。

4.5 多运算

多运算（Multiple Calculation）阶段的工作方式与运算阶段相同，不同之处在于它可以存储多个运算。在 **Multiple Calculation Properties** 窗口中，用户能够看到一个列出所有要执行的运算的表格。

在图 4-33 中，有下列两个计算式。

● A+B=C

● C+D=E

机器人会从第一个表达式开始运行，接着是第二个。可以使用 **Move Up** 和 **Move Down** 按钮改变执行表达式的顺序，如图 4-33 所示。

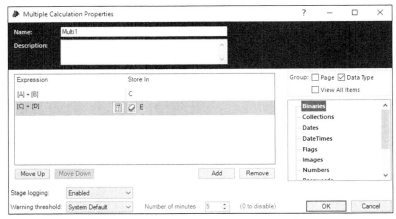

图 4-33　Multiple Calculation Properties 窗口

多运算阶段可以被分成两个单独的运算阶段，它们的工作原理是一样的。但是如果在流程中有一系列复杂的运算步骤，那么把它们放在同一个多运算阶段中可以简化阶段的表达，仅占用屏幕空间的一小部分就可以执行相同数量的运算。

4.6　小结

本章进一步完善了每周杂货采购流程。在此过程中用到的阶段类型也是搭建其他流程的关键组件。首先，介绍了如何使用 Blue Prism 内置的业务对象执行操作，比如统计集合中的行数；其次，使用决策阶段教会机器人如何做出"是/否"型问题的小决策；对于更加复杂的决策，比如说将发起者的姓名与电子邮件地址进行匹配，可以采用选择阶段；最后，介绍了运算阶段并且使用它生成发送给发起者的邮件信息。

虽然有随时可用的业务对象已经很不错了，但是没有什么东西能比创建自己的业务对象并拓展 Blue Prism 本身不具备的功能更有灵活度了。第 5 章将会介绍如何创建用户自己的业务对象。

第 5 章
实现业务对象

在示例流程中，计划训练机器人获取商品清单，然后搜索商品并加入购物车，最后发送通知邮件。但是目前仅仅在流程中需要执行相应任务的地方添加了注释，并没有教会机器人单击按钮或者输入相关内容。这是因为所有操作都是通过业务对象（Business Object）来实现的。

本章将会介绍以下内容。

- 什么是业务对象以及如何使用它们。

- 熟悉业务设计器（Business Studio）。

- 以构建 Amazon 购物网站对象为例来逐步介绍如何创建自己的业务对象。

- 了解如何使用在每周杂货采购流程中创建的业务对象。

5.1　什么是业务对象

Blue Prism 的业务对象是模拟与机器人进行交互的应用程序的模型。稍后将介绍开发人员可以使用业务对象完成一些有意思的事情，如下所述。

- 打开或关闭应用程序。

- 在文本框里输入文字。

- 读取信息。

- 单击链接和按钮。

业务对象与流程分离的主要原因是，业务对象可以被多个流程共享。在现实场景中，人们很可能会有多个流程要用到同一个应用程序。举个例子，开发人员创建了 Amazon 业务对象，并且筹备建立一个与之交互的采购流程；也可能有另外一个流程要使用同一个 Amazon 业务对象去发布产品评论或评价；又或者有一个流程要追踪商品全年的价格变动；再或者有一个流程要不断地检查竞争商品信息以及它们在销售排行里的排名。

5.2　创建业务对象

一起来看看业务对象如何运行。首先从创建自己的 **Amazon—搜索**业务对象开始，将 "—搜索" 添加在名字末尾是为了描述对象的用途。

对于 **Amazon—搜索**对象，机器人会根据指示执行以下操作。

- **Launch**（启动）：打开 Internet Explorer 并且跳转到 Amazon 购物网站。

- **Terminate**（终止）：关闭 Internet Explorer。

在构建流程的过程中，会有更加复杂的内容加入其中，**如搜索**和**加入购物车**等操作。

（1）启动 Blue Prism 交互客户端。在设计器界面，单击 **Objects** 文件夹，它是 Blue Prism 用于存储系统中所有业务对象的容器。请注意，像 **Processes** 文件夹一样，**Objects** 文件夹也有一个由安装程序预先创建的 **Default** 文件夹。

（2）右击 **Objects**，然后选择菜单里的 **Create Object**。

（3）将对象命名为 **Amazon-Search**，并将其输入在 **Name** 栏中。完成后单击 **Next** 按钮。

（4）建议简短描述一下该对象所能提供的功能。如以下内容就足够了：**Lanches the Amazon site and closes the browser**（打开 **Amazon** 网站和关闭浏览器）。输入描述后，单击 **Finish**。

（5）一个新的业务对象就被创建在 Default 文件夹里了。

将业务对象整理到文件夹

随着时间的推移，越来越多的业务对象被添加进来，对象列表将变得相当混乱。找到一个要用的对象需要不停地滚动页面，让人眼花缭乱；具体可以想象一下，在一个包含成百上千个对象的清单里寻找某个对象的情景。

就像流程一样，业务对象也可以被整理到文件夹中。咱们创建一个名为 **Amazon** 的文件夹吧，然后把创建好的业务对象放进去。

（1）在设计器中，右击 **Objects**，然后选择 **Create Group**。

（2）列表中会出现一个文件夹，然后输入它的新名字 **Amazon**。输入完成后，按
Enter 键。

（3）文件夹已准备好投入使用了。单击选中 **Amazon-Search** 对象，把它拖曳到 **Amazon**
文件夹里，然后松开鼠标。这样 **Amazon** 业务对象就被成功地归档到 **Amazon** 文件夹里了。

5.3　初识业务设计器

既然已经创建了业务对象，那么接下来就是对它进行设计。双击新建的对象，可以
在业务设计器中打开它。图 5-1 所示的业务设计器看上去与流程设计器有点像，但是又
有一些不一样的地方，具体如下。

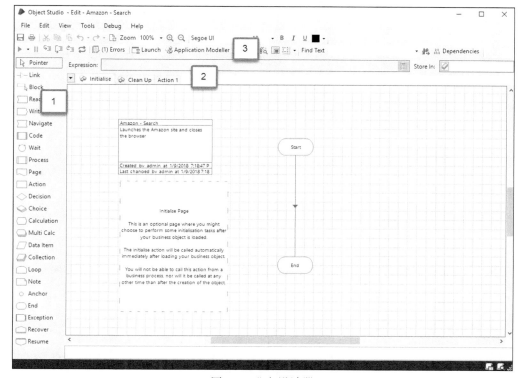

图 5-1　业务设计器

（1）工具栏中有新阶段（后续会进一步介绍）。

（2）在流程设计器中是 **Page** 标签的地方，现在是 **Action** 标签。

（3）工具栏中有一个新的 **Application Modeller**（应用程序建模器）按钮，如图 5-1 所示。

业务设计器工具箱里新的可用阶段

业务设计器里有一些新的可用阶段，如表 5-1 所示。

表 5-1 业务设计器里新的可用阶段

阶段类型	描述
Read 读取	训练机器人读取元素，可以查找标签、报告状态以及获取其他类型的信息
Write 写入	让机器人在文本框里输入文本
Navigate 导航	让机器人打开和关闭应用程序并且可以在不同的屏幕上移动
Code 代码	指示机器人执行用 VB.NET 或者 C#写的自定义代码
Wait 等待	在设定的时间内停止处理，或者只是等待某个特定的元素出现在屏幕上

在完成本章和第 6 章的练习的过程中，将会逐步熟悉这些新阶段。

5.4 准备开始行动

与在流程中操作多个页面不同，这里是针对业务对象进行操作。默认情况下，业务对象可通过以下几步进行创建。

- **Initialize**（初始化）：这类似于业务对象的启动脚本或 Do-This-First 指令集。初始化的常见用法是向代码库添加全局引用或插入所有操作共用的全局方法。

- **Clean up**（清理）：顾名思义，这是在卸载业务对象时插入指令的地方。

- **Action 1**（操作 1）：一个待填充的空操作。

一般不会修改 **Initialize** 和 **Clean up** 操作，构建业务对象的起点通常从 **Action 1** 开始。

重命名操作

对于一个操作来说，**Action 1** 可能不是一个合适的名称。只看名字的话，无从得知这个操作具体是做什么的。一起给 **Action 1** 取一个更有意义的名字吧，比如取名为 **Launch（启动）**，可以参照如下步骤。

（1）在 **Object Studio（对象设计器）** 中打开操作 **Amazon-Search**，右击 **Action 1**，然后选择 **rename**。

（2）给操作取一个新名字，输入 **Launch**。

（3）单击 **OK** 按钮关闭窗口。**Action 1** 已被重命名为 **Launch**。

5.5　应用程序建模器

业务对象充当机器人的手和眼睛。借助**应用程序建模器（Application Modeller）**，通过教导机器人识别所交互屏幕的全部元素，告知机器人需要了解的应用程序。

已经有了一个名为 **Launch** 的操作，但是它还没有执行任何操作。现在让机器人打开 Amazon 网站。在此之前，需要告诉机器人与 Amazon 网站有关的以下信息。

● 使用 Internet Explorer 打开。

● Amazon 网址。

使用应用程序建模器下达指令的步骤如下。

（1）单击工具箱中的 **Application Modeller**，弹出 **Application Modeller Wizard**。

（2）选择**定义新应用程序模型**。Blue Prism 还要求提供应用程序的名称，建议继续使用名称 **Amazon-Search**，然后单击 **Next** 按钮。

（3）选择要与之交互的应用程序的类型。因为要使用 Internet Explorer，所以选择 **Browser-based Application**，然后单击 **Next** 按钮。

（4）下一个问题：是否让机器人启动新的 Internet Explorer 实例或者确认已有 Internet Explorer 实例正在运行。因为这是第一次启动浏览器，所以选择 **A browser that is launched from an executable file（从可执行文件启动浏览器）**，然后单击 **Next** 按钮。

如果正在使用已打开的浏览器，请选择另一个选项——**A browser which is already running（正在运行的浏览器）**。

（5）告诉机器人 Internet Explorer 程序的位置。向导的建议路径一般是 iexplore.exe 文件的位置。除非有特殊设置，否则接受默认路径并且单击 **Next** 按钮。

（6）下一个界面会要求提供要打开的网站地址，请在此输入 Amazon 网址，然后单击 **Next** 按钮。

（7）请单击界面中的 **Next** 按钮，并保留默认设置，直至最后一页，然后单击 **Finish** 按钮。

（8）返回 **Application Modeller**，此时名为 **Element 1（元素 1）** 的空元素已经创建好了。暂时先忽略 **Element 1**，单击选中 **Amazon-Search**。请注意，在向导中所做的全部选择都会反映在该界面上。开发人员既可以在图 5-2 所示的界面上更新值，也可以通过单击 **Application Wizard** 按钮，再次运行向导来调整值。

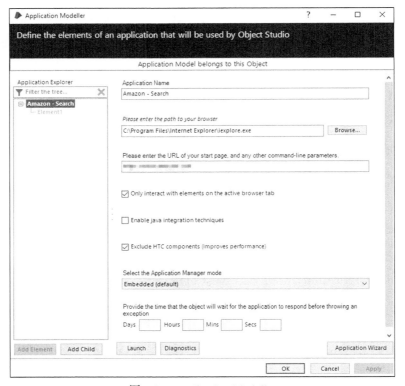

图 5-2　Application Modeller

（9）单击 OK 按钮关闭 **Application Modeller**。

5.6　导航阶段的应用

应用程序建模器目前包含了应用程序和所要打开的页面的详细信息，然而它本身不会对应用程序进行任何操作，需要与操作界面上的阶段结合使用。既然要打开网页，那就从探索**导航**（**Navigate**）阶段开始吧。

5.6.1　启动应用程序

导航阶段用于启动或者关闭应用程序。顾名思义，它还用于实现页面之间的跳转，后文会有示例说明。接下来使用**导航**阶段在 Internet Explorer 中打开 Amazon 网站。

（1）打开**启动**操作页面进行设置。

（2）从工具箱中，将**导航**阶段拖曳到**开始**阶段的下方。

（3）双击**导航**阶段，弹出 **Navigate Properties** 窗口，如图 5-3 所示将阶段重命名为 **Launch Amazon**（**启动 Amazon**）。**Navigate Properties** 窗口中包含以下主要部分。

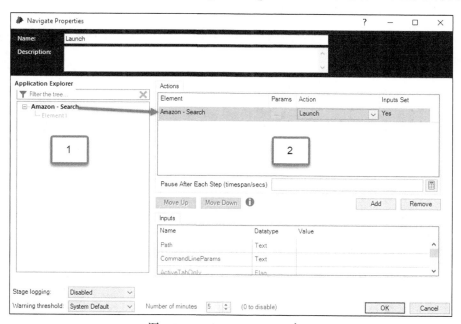

图 5-3　Navigate Properties 窗口

- 界面左侧为 **Application Explorer**。在页面上被识别的每一个元素（目前只有一个 **Element 1**）都被罗列在此。

- 右边是 **Action** 选项卡，将在此设置打开网站的指令。开发人员可以在 **Element** 栏中设定要进行操作的网站。请把 **Amazon-Search** 拖曳到 **Element** 栏中。

Action 下拉列表框中列出了所有能够对元素进行的操作，因为要打开网站，所以请选择 **Launch**。

（4）完成后，单击 **OK** 按钮关闭窗口。

（5）回到**启动**操作页面，用 **Link** 工具把所有阶段连接起来。

请随时单击工具栏里的 **Save** 按钮以保存已完成的工作，对应的快捷键是 Alt + S。

5.6.2　测试启动操作

既然已经完成了对**启动**操作页面的设置，就来测试一下它是否能正常工作吧。

（1）单击工具栏上的 **Play** 按钮。

（2）观察流程从**开始**阶段运行到**启动 Amazon** 阶段，这时启动 Internet Explorer 并加载 Amazon 网站。

（3）最后在**结束**阶段停止运行。

如果在运行对象后立即单击 **Play** 按钮，会收到错误信息"内部：没有当前阶段"。若要再次运行，请先 **Reset** 按钮，然后单击 **Detach** 按钮，最后单击 **Play** 按钮。

5.6.3　终止应用程序

已经设置好操作来启动 Internet Explorer，现在还要创建另外一个操作来终止它。

（1）为了创建新操作，请右击操作栏上的任意位置，然后选择 **New**。

（2）将新页命名为 **Terminate**（终止），单击 **OK** 按钮。

（3）从工具箱中拖曳**导航**阶段并将其放置于**开始**和**结束**阶段之间。

（4）双击**导航**阶段打开属性窗口，将其命名为 **Terminate**。

（5）请参照上文示例，从应用程序浏览器里将 **Amazon-Search** 拖曳到 **Element** 栏里。

（6）这次在 **Action** 的下拉列表框中，选择 **Terminate**。

（7）单击 **OK** 按钮关闭窗口。返回**终止**操作页面，连接所有阶段。

> 运行**终止**操作在本质上和用任务管理器结束进程是一样的。这种直接关闭
> 应用程序的方式过于"简单粗暴"了。
> 一般来说，会采用相对柔和的方式，比如按 Alt＋F＋X 组合键关闭浏览器。
> 无论如何，当应用程序不再需要时，终止是一项常用的、可以快速关闭应
> 用程序的重要操作。

5.6.4　测试终止操作

每当完成一个操作的设置，都要在业务设计器中按照以下步骤进行测试。

（1）如果应用程序未打开，请单击工具栏上的 **Launch** 按钮以启动它。在应用程序
启动后，**Launch** 按钮就会变成 **Detach** 按钮。

（2）右击要作为测试起点的阶段。本示例希望测试**终止**操作，因此将**终止**操作的**开
始**阶段视为起点，选择 **Set Next Stage** 使该阶段高亮显示。

（3）单击 **Play** 按钮，观察**终止**操作如何关闭 Internet Explorer。

5.7　发布操作

至此，已经完成了自定义业务对象的构建。然而在它可以被流程使用之前，还需要
进行发布。

● 右击操作的名称，然后在快捷菜单中选择 **Publish**。

● 可以注意到一个按钮 ⚙ 出现在操作名称的旁边，这表示操作已经被发布。

请参照以上步骤发布**启动**和**终止**操作。

5.8　使用流程中的自定义业务对象

现在准备将创建好的 **Amazon-Search** 业务对象与前几章的**每周杂货采购**流程进行集成。

之前已经展示了如何在流程中使用 Blue Prism 附带的内部业务对象。使用自定义业务对象比如 **Amazon-Search** 的方法与之类似，详见下文。

（1）打开之前建立的**每周杂货采购**流程。

（2）打开**搜索商品并加入购物车**子页。断开**循环输入—待购商品清单**阶段与先前作为桩代码添加的**注释**阶段之间的连接。

（3）添加**操作**阶段，把它直接放在**循环输入—待购商品清单**阶段的下方，配置如下。

- **Name**：启动 Amazon。

- **Business Object**：Amazon-Search。

- **Action**：启动。

（4）添加另一个**操作**阶段，把它放在作为桩代码的注释阶段的下方，配置如下。

- **Name**：关闭 Amazon。

- **Business Object**：Amazon-Search。

- **Action**：终止。

完整的流程如图 5-4 所示。

保存流程后，请试运行。有没有看到 Amazon 网页在 Internet Explorer 里打开，然后很快又被关掉？实际上还没有真地执行搜索商品并加入购物车，第 6 章将会介绍这部分内容。

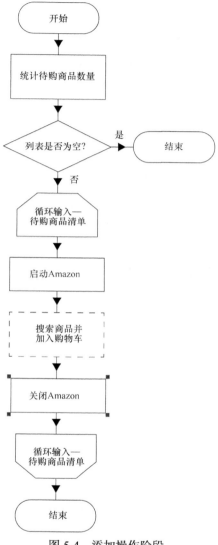

图 5-4 添加操作阶段

如果无法从 **Amazon-Search** 对象的可用操作列表中选择**启动**和**终止**操作，则可能需要尝试以下操作。

（1）关闭流程后，再次打开。只有当流程被打开可供编辑时，才会加载可用操作列表。因此，如果在打开流程后添加或发布操作，则更新不会反映在下拉列表框中。

（2）检查是否已发布操作。

如果有多个应用程序，并且在执行任务时需要在不同的窗口之间跳转，那会怎么样呢？为了实现这一点，需要为每个应用程序设置一个**启动**，并且在任务完成之前不终止它们中的任何一个。开发人员可以控制流程同时启动多个应用程序，使机器人能够与不同的屏幕进行交互，然后在任务完成时只触发一次**终止**操作。

5.9　小结

第一个自定义业务对象已经创建好了。在本章，读者了解了如何将新建的业务对象整理到文件夹中并重命名；也学习了启动应用程序建模器向导去定义正在使用的应用程序；然后根据所提供的应用程序信息，使用**导航**阶段启动和关闭应用程序；最后还把业务对象整合到了流程中，以便与操作阶段进行交互。

第 6 章将会介绍如何训练机器人侦察屏幕上的元素，如按钮和文本框等。

第 6 章
侦察元素

在第 5 章中，机器人已经执行了在 Internet Explorer 中打开 Amazon 网站的任务，然而它要做的远不止于此。本章的主要内容如下。

- 教会机器人使用 Application Modeller 侦察元素。

- 学习如何调整匹配条件以便机器人能够再次定位元素。

- 向 Application Modeller 中添加更多的元素并将其分类。

- 了解 Blue Prism 中各种可用的侦察模式，包括 HTML、UI 自动化和区域模式等。

什么是侦察（Spying）？侦察是教会机器人寻找屏幕上的按钮、链接和文本框等元素的方法。它扮演着机器人的眼睛，告诉机器人可以在哪里找到需要它单击、按键或者输入文本的元素。

侦察对于业务对象的构建至关重要。没有侦察的话，机器人就无法看到正在建模的应用程序了，更谈不上与之交互了。

6.1 侦察网页元素

每周杂货采购流程的一个任务是在 Amazon 网站上搜索待购商品。在执行搜索任务之前，机器人需要与图 6-1 所示的标记元素进行交互。

图 6-1 待侦察的网页元素

（1）用于输入待搜索关键字的文本框。

（2）搜索按钮。

接下来一起使用应用程序建模器来训练机器人侦察页面元素吧。

（1）打开业务对象 **Amazon-Search** 进行编辑，单击工具栏中的 **Application Modeller**。

（2）一起来熟悉 **Application Modeller** 吧。左侧是 **Application Explorer**，一个列出所有已侦察元素的目录。此时尚未侦察到任何元素，**Element 1** 是之前在运行向导时自动创建的。

（3）单击空的 **Element 1**，在界面左侧显示 **Element Details**。因为尚未侦察到任何元素，所以此时所显示的信息为空。

（4）**Element 1** 这个名字没有很好地说明元素的内容。在 **Name** 栏中，请把 **Element 1** 重命名为 **Textbox-Search**。在名称里加入元素的类型（如链接、按钮等），可以仅通过名称就给出有关元素内容的清晰指引。

（5）单击 **Application Modeller** 中的 **Launch** 按钮以启动 Amazon 网站。将 **Application Modeller** 和 **Internet Explorer** 窗口并排放置，就可以方便清晰地同时看到两个窗口（见图 6-2）。另外请注意，原本 **Launch** 按钮上的标签变成了 **Identify**。

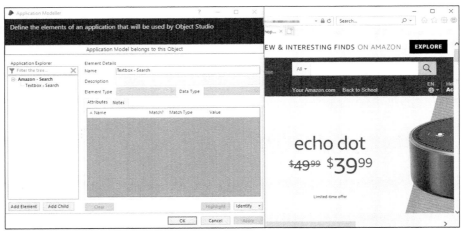

图 6-2　Application Modeller 与 Internet Explorer 窗口

（6）准备要开始侦察了！在单击 **Identify** 按钮后弹出识别工具，并附有文字 **Using the Identification Tool-（IE HTML mode）**。现在请把鼠标指针移动到 Amazon 主页上。在移动鼠标指针时可以注意到，鼠标指针所停留的屏幕区域会有一个高亮显示。因为搜索文本框是目标元素，所以请把鼠标指针移动到搜索文本框上，然后等待整个文本框高亮显示。一旦出现该框，立即按 Ctrl 键和单击鼠标左键。

> 当侦察网页时，务必确保 Internet Explorer 的 **Zoom（缩放）** 已设置为 100%。否则高亮可能无法按预期运行。

（7）返回 **Application Modeller**，**Element Details** 面板将会自动填充，如图 6-3 所示。Blue Prism 对搜索文本框做了如下假设。

- 首先是 **Element Type**，它决定可以对元素执行的操作。在本示例中，Blue Prism 认为该页面元素是一个 **HTML Edit**，从技术角度来说，在侦察到文本框时这么划分没有问题。

- 然后仍然认为 **Data Type** 是 **Text**，这也是正确的，因为的确要在搜索文本框中输入文本。

- 最后还在 **Attributes** 选项卡中做了一些关于如何正确侦察搜索文本框的猜测。按 **Match** 列对属性列表重新排序，并记录选中的行。稍后将介绍如何调整建议值，暂时先保留 Blue Prism 的默认配置，如图 6-3 所示。

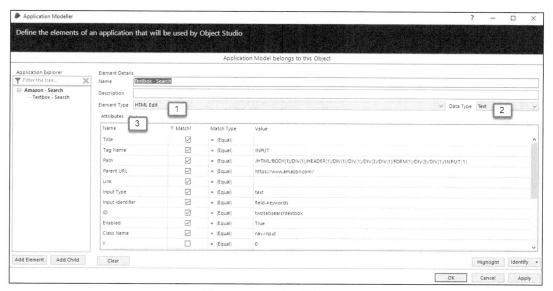

图 6-3　Blue Prism 默认设置

（8）**Highlight** 按钮对于检查元素是否被成功侦察到非常有用。随着时间的推移，如果搜索文本框的属性发生改变，那么可以使用**高亮按钮**去查看机器人是否仍然能够侦察。单击 **Highlight** 按钮，然后观察到搜索文本框高亮显示，这意味着 Blue Prism 可以根据先前捕获的匹配属性找到搜索文本框，如图 6-4 所示。

图 6-4　高亮显示元素

6.2　侦察是如何工作的

机器人没有真的眼睛去看屏幕上的内容，那它又是如何找到需要与之交互的元素呢？以下是机器人侦察 HTML 页面的方法。

（1）机器人通过"查看"HTML 源代码，遍历整个页面。网站页面由许多 HTML 组件构成，以下是包含文本框和按钮的页面源码示例。

```
<HTML>
 <BODY>
 Search: <input type= "text" id= "twotabsearchtextbox" />
 <input type="submit" value="Go" />
 </BODY>
 </HTML>
```

（2）机器人把以上 HTML 源代码分解成文本框、标签、按钮和链接等元素，每个元素都由一个用作标记的标签定义。例如，文本框的标签是<INPUT/>，而超链接的标签是<A/>。

继续以上文代码为例。机器人"看到"了一个标识符值为 twotabsearchtextbox 的文本框（type=text）。

```
<input type= "text" id= "twotabsearchtextbox" />
```

它还"看到"一个值为 Go 的按钮（type=submit）。

```
<input type="submit" value="Go" />
```

（3）机器人使用 **Match** 属性遍历整个页面以找到所需元素。假如要寻找搜索文本框，那么用于侦察文本框的匹配属性如下。

- **Tag name（标签名）**：Input。

- **Input type（输入类型）**：Text。

- **ID**：twotabsearchtextbox。

（4）如果要寻找按钮，则使用以下属性。

- **Tag name**：Input。

- **Input type**：Submit。

- **Value**：Go。

如果对这些比较陌生，也不用担心，因为即使不懂 HTML，机器人也会为你解析代码。之前在侦察搜索文本框时，我们也没有查看 Amazon 网站的底层 HTML 代码。尽管如此，要调整机器人的匹配条件还是需要对于 HTML 有一定程度的理解，以提高机器人侦察元素的成功率，并且使其能够适应网站的微小变化。

6.3　调整匹配条件

在侦察搜索文本框时，Blue Prism 给出了建议的匹配条件列表，用于正确无误地侦察元素，如图 6-5 所示。

Name	Match?	Match Type	Value
Title	☑	= (Equal)	
Tag Name	☑	= (Equal)	INPUT
Path	☑	= (Equal)	/HTML/BODY(1)/DIV(1)/HEADER(1)/DIV(1)/DIV(1)/DIV(3)/DIV(1)/FORM(1)/DIV(2)...
Parent URL	☑	= (Equal)	
Link	☑	= (Equal)	
Input Type	☑	= (Equal)	submit
Input Identifier	☑	= (Equal)	
ID	☑	= (Equal)	
Enabled	☑	= (Equal)	True
Class Name	☑	= (Equal)	nav-input
Y	☐	= (Equal)	0

图 6-5　建议匹配条件列表

当满足所有条件时，机器人才能定位到搜索文本框。那如果 Amazon 决定改变文本框的外观并且更改它的类名呢？

入侵 Amazon 的网站然后阻止变更是不现实的。作为演示，通过把 **Class Name** 属性从 nav-input 变更成 nav-input2 来模拟这种情况。

现在请再次单击 **Highlight** 按钮。有没有出现如图 6-6 所示的报错信息？

刚刚发生了什么？仅仅更改了众多属性中的一个属性值，为什么 Blue Prism 就找不到搜索文本框了呢？答案在于匹配的工作方式：已勾选的匹配条件项必须被一一满足，机器人才能再次找到该元素；只要有一个条件没有通过匹配测试，元素就会被视为不存在。

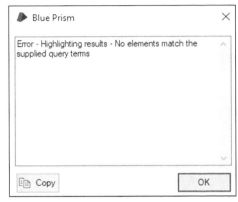

图 6-6　报错信息

正因为如此，决定选择哪些匹配条件至关重要。一般会使用以下属性。

（1）**侦察页面元素的唯一标识**：大多数网站开发人员会为 HTML 网页中的每个元素分配一个唯一的标签，以便更好地进行编程；标签通常被称为 ID 和/或名称，这两个属性在开发网站时通常会被开发人员一起使用。

（2）**在页面生命周期里不大可能发生变化的属性**：选择 path 等属性比较有风险，因为当开发人员在页面上移动元素时，这个属性值很可能就会发生改变；同样地，描述元素外观和感观的属性或者其包含的值（如 class name 和 value）也是如此。

没有硬性规定如何选择匹配条件。与其说这是一门科学，不如说是一门艺术，因为需要一些尝试并且经历失败才能找到合适的选择；甚至有时候"以为"已经搭配正确了，但是网页一改，就得重新考虑之前选择的匹配。

6.4　缩小匹配条件的范围

一起来缩小搜索文本框的匹配条件的范围，以使机器人能够更加自如地应对 Amazon 网站的变动吧。因为 Amazon 的开发人员使用了 **ID** 和 **Input Identifier**（输入标识符）属性来标记元素，所以 Blue Prism 能够使用这两个属性来寻找搜索文本框。缩窄匹配条件的步骤如下。

（1）返回 **Application Modeler**，选择 **Textbox-Search**。根据 **Match** 列对 **Attributes** 进行排序，使符合匹配条件的属性位于列顶部。

（2）取消勾选除了以下两个属性之外的其他匹配条件。

- **Input Identifier**。

- **ID**。

（3）单击 **Highlight** 按钮，检查是否仍然可以找到搜索文本框。

（4）单击 **Apply** 按钮以保存更改而不关闭窗口。

现在机器人对目标网站的变化已经具有更高的适应弹性了。除非 Amazon 更改元素的 **Input Identifier** 或者 **ID** 属性，否则机器人应该一直可以侦察到搜索文本框。

在 Blue Prism 的早期版本中，路径属性通常用于侦察 HTML 元素，即使赋予了它们其他的唯一标识符。这么做的主要原因是提升机器人找到元素的速度，但是导致机器人对目标网站的更新非常敏感，因为更新可能会改变元素的位置。比如，在网页中插入广告可能使所有元素向下移动一个级别，以致打断整个流程。在最近发布的 Blue Prism 版本中，由于大大改进了侦察的算法，因此现在可以通过标识符来侦察元素而不再使用路径属性了。

6.5　添加元素

截至目前，已经成功地侦察到了搜索文本框。为了执行搜索，还需要单击搜索按钮。接下来通过向应用程序建模器添加元素来继续侦察搜索按钮。

（1）在选中 **Textbox-Search** 后，单击 **Add Element**，一个空的名为 **Element 1** 的新元素就被添加到应用程序浏览器中，将其重命名为 **Button-Search**。

（2）单击 **Identify** 按钮后，搜索按钮 🔍 高亮显示。在按钮高亮显示时按 Ctrl 键并单击鼠标左键。

（3）在侦察按钮后，取消勾选除了以下几个属性之外的其他匹配项来缩小匹配条件的范围。

- Tag name。

- Path。

- Input type。

刚刚提到搜索按钮的位置可能会改变，所以在匹配条件里不使用路径属性。这真的不是一项硬性规定。如果仔细观察搜索按钮，就会发现它没有任何唯一的标签，像是 ID 或 Input Identifier。在这种情况下，为了快速侦察搜索按钮，使用路径属性是找到它最可靠的办法。

6.6　元素分类

在构建应用程序建模器并向列表中添加更多元素时，列表中的元素会变得越来越多。含有数百个元素的列表是比较常见的。在众多元素中找到所需元素成了一个挑战，这无异于大海捞针。好消息是，可以通过排序和分类来管理元素。请通过以下步骤来了解如何实现。

（1）在 **Application Explorer** 中选中 **Amazon-Search**，然后单击 **Add Child** 以在根节点下直接创建新元素。

> 或者可以随意选择一个先前创建的元素，然后单击 **Add Element** 以创建与其他元素同级的新元素。

（2）将新元素命名为 **Search**。

（3）将先前创建的两个元素拖曳到刚才新建的 **Search** 元素顶部，最后的结果如图 6-7 所示。

请注意，**Search** 元素显示为灰色。这表示它尚未连接任何已侦察的元素。对于作为分类标签的元素，最好将其留空。

图 6-7　将元素分类管理

6.7　更多侦察模式

先前使用了 HTML 模式来侦察搜索文本框和按钮。在高亮显示 Amazon 主页上的元素时，可以观察到该模式以绿色框示意。到目前为止，HTML 模式运作得不错，可以协助侦察所需元素。

如果正在使用的应用程序不是网页，而是 Windows 应用程序，比如 Microsoft Office，这时该怎么办呢？又或者网页使用的是现代网络技术，而这种技术太过动态，导致 Blue Prism 无法使用 HTML 模式找到元素，又该怎么办呢？

为了解决这些常见的侦察问题，Blue Prism 支持以下可选侦察模式。

- **Win32 模式**使用基础 Windows 32 API（应用程序接口）在应用程序中查找元素。它通常用于侦察基于 Windows 的应用程序。

- **Accessibility（辅助功能）模式**使用 Microsoft Active Accessibility（AA）框架。开发人员为自动化测试工具提供访问网站的替代方法时提出了它。由于进行自动化测试，测试人员无法依靠某个人使用鼠标和键盘来操控程序，因此微软为开发人员构建了 AA 框架来编写能程序化执行的测试脚本。最近，AA 已经被 **UI 自动化框架（UI Automation Framework，UIA）**取代了。虽然 Blue Prism 仍然兼容 AA，但是建议使用 **UIA**。

- **UI Automation（UI 自动化）模式**使用**微软 UI 自动化框架**来侦察元素。这是一个新框架，比起 AA 有很多改进之处。

- **Region（区域）模式**是根据元素在屏幕上的实际像素位置来侦察屏幕元素的一种特殊方法；例如，搜索按钮距离屏幕左边界 100 像素，距离屏幕上边界 50 像素。

在执行侦察操作时，可以通过按 Alt 键来查看每个模式的具体情况。提示框在转换模式时会随之改变颜色。例如，Win32 模式的提示框如图 6-8 所示。

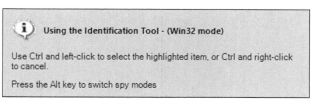

图 6-8　提示框

没有任何规则规定必须用一种模式监视另一种。模式的选择取决于具体的环境和应用程序的情况。不是所有的网页都可以用 HTML 模式进行侦察。对于网站，通常选用 HTML 模式。稍后将介绍，当无法用 HTML 模式成功侦察元素时，可以选择其他侦察模式。

6.8　UI 自动化模式

接下来尝试其他的侦察模式。请按照以下步骤使用 **UI 自动化模式**侦察结果列表中的第一项。

（1）在搜索文本框中，输入关键字以查找可能要购买的商品。稍后会让机器人为我们输入关键字。由于现在仍在侦察元素，因此暂时先手动输入关键字。输入完成后，单击搜索按钮，等待搜索结果显示。

（2）然后创建新元素，用于存储与搜索结果页面相关的所有元素。回到应用程序浏览器，在 **Amazon-Search** 下添加一个元素，将它命名为 **Search Results**，它将包含存储与搜索结果页面有关的所有元素。

（3）再添加另一个元素。这次，把它放在 **Search Results** 元素的下面，命名为 List-First Result。

（4）当选中 **List-First Result** 后，单击 **Identify** 按钮。回到 Amazon 搜索结果页，按 Alt 键直至侦察模式切换到 **UI 自动化模式**，然后高亮显示搜索列表中的第一个结果。当链接高亮显示时，按 Ctrl 键并单击鼠标左键，如图 6-9 所示。

图 6-9　UI 自动化模式

（5）看看 Blue Prism 捕捉到了什么。**Element Type** 是 **List Item（UIA）**，这表明该

元素是使用 UIA 模式侦察的。匹配条件也不同于在使用 HTML 模式侦察元素时所捕获的。Blue Prism 没有使用 HTML 属性值进行匹配，而是使用 UIA 属性值，比如 **UIA Control Type（UIA 控件类型）**和 **UIA Automation Id（UIA 自动化 ID）**。

（6）取消勾选除了下列属性之外的其他属性项以调整匹配条件。

- **UIA Control Type**。

- **UIA Automation Id**。

（7）另外，请勾选以下属性项。

- **Parent UIA Automation Id（UIA 自动化父 ID）**。

完整的匹配条件清单如图 6-10 所示。

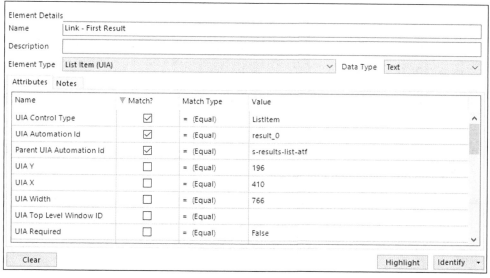

图 6-10　匹配条件清单

（8）单击 **Highlight** 按钮以查看是否仍然能够侦察到屏幕上的元素，结果是成功地侦察到了第一个搜索结果！

当侦察不再有用

我们可能并不总是想购买第一个商品，对吗？另外，如果仔细观察第一个商品，会看到它带有**赞助商**的标志，这样还想购买它吗？结果列表中的其他商品怎么样呢？请遵循以下步骤来侦察整个搜索结果列表，以便让机器人从中选择真正想要购买的商品。

（1）在应用程序浏览器里，选择 **Search Results**，然后单击 **Add Child**，命名新元素为 **List-Search Results**。

（2）单击 **Identify** 按钮并按 Alt 键切换到 **UI 自动化模式**。

（3）返回 **Amazon** 搜索结果页，尝试以高亮显示整个搜索结果列表。这很难做到，因为每次将鼠标指针放到列表上时，最多只能捕获一行结果。按 Ctrl 键和鼠标右键可以取消侦察操作。

6.9　UI 自动化导航

在很难使用鼠标指针定位屏幕元素的情况下，可以选择使用导航。它会扫描整个页面以查找可以被侦察的元素，并以列表的形式展示结果。之后要做的就是从列表中选择所需元素，这些元素位于子菜单中，当单击 **Identify** 按钮旁边的箭头时就会显示。

子菜单有以下 3 个选项。

- **Spy Element（侦察元素）**：这是默认选项，在 HTML 和 UIA 模式中通过单击元素来侦察。

- **Open Application Navigator（打开应用程序导航）**：此选项使用旧的 AA 框架来扫描整个页面以获取可侦察的所有元素。

- **Open UI Automation Navigator（打开 UI 自动化导航）**：该选项同样也遍历整个页面以获取元素，但是它使用的是更新更好的 UIA 框架。

请参照以下步骤使用 **UI 自动化导航**来侦察整个搜索结果列表，它是一个无法通过单击就能侦察的元素。

（1）从 Application Explorer 中，选择元素 **List-Search Results**，**然后单击 Identify |**
UI Automation Navigator。

（2）等待加载 **UI Application Navigator** 窗口。可能需要点时间，请耐心等候。当导航完成加载后，滚动遍历整个可用元素列表。名单很长，每一个被捕获的链接、按钮、标签和图像都位列于此。

（3）浏览可用元素列表以查找显示为整个搜索结果列表的元素。不过列表太长了！

在 **Available Elements** 部分，有一个筛选栏，请在此输入（**list**）以获取页面上机器人可以侦察的所有列表。结果可能需要一些时间才能显示。

在撰写本书时所用的 Blue Prism 版本中，筛选功能的运行效果不太好，使用筛选器有时候会导致 Blue Prism 无响应。如果遇到这种情况，请跳过这一步，继续进行下一步；但这样的话，也不能再查看经过筛选后的列表，必须查看全部列表内容。

（4）查看 **Available Elements** 部分中的筛选结果，随意单击名为（**list**）的元素。在单击元素时，可以注意到属性面板会随之更新成该元素的相关属性值，同时所选元素也会在网页中高亮显示。

对于每一个被选中的元素，请查看它的 **Attributes** 部分并留意 **AutomationId** 的值。当找到 **AutomationId** 值为 **s-results-list-atf**（见图 6-11）的（**list**）元素时，也就找到了目标元素。

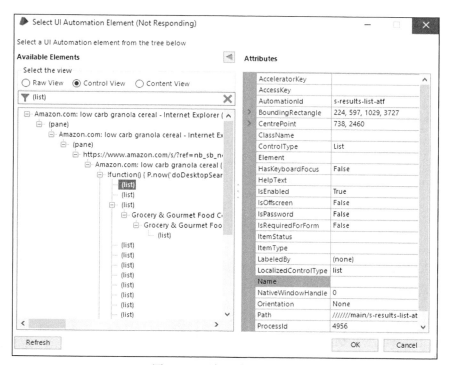

图 6-11　目标元素属性清单

如果浏览完整的元素列表，则搜索结果位于列表下方的三分之一处。

（5）在找到定义搜索结果列表的元素后，单击 **OK** 按钮关闭导航。

（6）回到 **Application Modeller**，除 **UIA Automation Id** 之外，取消勾选其他的所有匹配属性。

此外，请注意 Blue Prism 将元素类型认定为 **List** 而不是一个 **List Item**（如仅包含第一个结果的元素）。这是一个很重要的区别，在读取表格时，列表可以将所有商品存储在一个集合中，然后通过遍历集合来选择所要购买的商品。图 6-12 展示了完整的窗口。

Element Details

Name	List - Search Results	
Description		
Element Type	List (UIA)	Data Type　Text

Attributes　Notes

Name	▽ Match?	Match Type	Value
UIA Automation Id	☑	= (Equal)	s-results-list-atf
UIA Y	☐	= (Equal)	-31602
UIA X	☐	= (Equal)	-31864
UIA Width	☐	= (Equal)	766
UIA Top Level Window ID	☐	= (Equal)	
UIA Required	☐	= (Equal)	False
UIA Process Id	☐	= (Equal)	10880
UIA Password	☐	= (Equal)	False

Clear　　　　　　　　　　　　　　　　　Highlight　Identify ▾

图 6-12　元素详情

请单击 **Highlight** 按钮，可以看到整个搜索结果列表以高亮显示，这意味着获得了完整的结果集合！

6.10　使用区域模式进行表面自动化

通过单击和使用导航进行侦察的方法在大多数时候都能找到需要进行交互的元素，

它们的工作效果在应用程序和机器人安装于同一台计算机时尤其好。但是有很多技术是在远程机器上运行的，比如安装在网络中某个服务器上的应用程序，从它发送到计算机屏幕上的只是一个可以与之交互的映像。此类应用程序[也称为**瘦客户端（Thin-client）**]的示例包括 Citrix、微软终端服务和大型计算机等。

在这种特殊情况下，需要依靠查看元素在屏幕上的位置以确定它们在哪里，这种办法虽然老旧，却不失为一种好办法。这种侦察方法也被称为**表面自动化（Surface Automation）**，支持它的侦察模式是区域模式。

请参照以下步骤尝试区域模式。请注意，这里只是简单地以 Amazon 网站为例，它本身不需要使用表面自动化来侦察元素；不过这也表明表面自动化可以应用于常规的应用程序。接下来将使用区域模式来侦察 Amazon 网站的顶部菜单。

（1）回到 **Application Modeller**，在 **Amazon-Search** 下创建新元素，将其称为 **Top Menu**。

（2）选中 **Top Menu**，然后创建侦察。按 Alt 键直至侦察模式切换到以浅棕色显示的区域模式。将鼠标指针悬停在 Amazon 网站上，一直到出现棕色框覆盖整个页面，然后按 Ctrl 键和鼠标左键进行选择。

（3）在区域被捕获后，立即弹出了 **Blue Prism Region Editor** 窗口，其中显示了刚才捕获的屏幕截图。单击工具栏中的 **Region** 按钮，然后在 Amazon 标识上绘制一个散列框，如图 6-13 所示。在松开鼠标时，右侧的属性面板更新为所绘制区域的坐标。

（4）单击 **OK** 按钮，关闭 **Region Editor**。

图 6-13　区域编辑器

（5）给元素取一个更有意义的名字，将其从 **Region 1** 重命名为 **Link-Home**。请查看 **Link-Home** 的匹配条件，这些条件特定于之前所捕获的图像。需要注意的一些关键属性如下。

- **Location method（定位方法）**：在 Blue Prism 6.0 及更高版本的产品中，其默认选项是 Image；我们对区域进行截图并使用矩形来确定图像的哪个部分含有所需元素。

- **Image Search Padding（图像搜索填充）**：在主页按钮四周绘制矩形时，有没有看到矩形周围的散列框？这是供 Blue Prism 搜索图像用的额外空间。如果元素在这个范围内移动，仍然可以找到匹配项。可以调整该属性值，让数字变得更大，从而使其扩展到整个屏幕。

（6）请务必确保 Amazon 网站在屏幕上是完全可见的，因为表面自动化要求整个屏幕可见。如果窗口是隐藏的，这个方法就行不通了。单击 **Highlight** 按钮，然后观察主页标志是否被正确侦察。

（7）现在已经完成侦察了。单击 **OK** 按钮以关闭 **Application Modeller**，然后保存业务对象 **Amazon-Search**。

　　表面自动化的可研究范围相当广泛，本节只探索了其中的一种使用方法，还有一些先进技术可以通过坐标、应用 OCR 等方式来捕获元素。如需了解有关表面自动化的更多信息，请前往 Blue Prism 门户网站查阅相关资料。

6.11　小结

　　本章介绍了如何侦察元素。Blue Prism 使用应用程序建模器定义机器人必须与之交互的元素。为了使机器人能够处理各种各样的应用程序，Blue Prism 提供了多种侦察模式。

　　首先尝试了 HTML 模式并捕获了搜索文本框和按钮，之后使用 UI 自动化模式侦察搜索结果列表，最后还尝试了区域模式以了解如何捕获那些无法使用其他模式找到的元素。

　　第 7 章将会介绍如何在业务对象流程图中运用已侦察的元素。

第 7 章
写入、等待和读取

在第 6 章中侦察了想要使用的所有元素，现在轮到机器人与它们进行交互了。通过业务设计器，新建一个搜索操作用以在搜索文本框中输入关键字并单击搜索按钮触发搜索操作。在此之后，获取搜索结果清单并从中挑选商品添加至购物车。

为了把这些操作组合起来，将利用对象设计器中的以下新阶段。

● 写入。

● 等待。

● 读取。

7.1 创建搜索操作

一起快速回顾一下正在构建的业务对象，待做事项如下。

● 在搜索文本框中输入商品名称并单击搜索按钮进行搜索。

● 当搜索结果显示时，获取结果清单并从中挑选所需商品。

为了存储上文逻辑，请遵循以下步骤向业务对象 **Amazon-Search** 中添加新操作。

（1）在业务设计器中打开 **Amazon-Search** 进行编辑。

（2）添加一个新操作并命名为 **Search**，打开 **Search** 操作页，现在可以开始编辑了。

7.2　写入文本框

根据待购商品清单，输入关键字以查找要购买的商品。为此，请参照以下步骤，以便使用 **Write**（写入）阶段在联机表单中输入文本。

（1）在打开的 **Search** 操作页中，向流程图中新增数据项，用于临时存储搜索关键字，属性值如下。

- **Name**：Keywords。

- **Data Type**：Text。

- **Initial Value**：Low Carb Granola Cereal。

（2）将阶段拖曳至**开始**阶段的下方，通过双击**写入**阶段来打开 **Write Properties** 窗口，配置如下。

- 在 **Name** 栏，将阶段重命名为**输入搜索关键字**。

- 将 **Keywords** 从 **Data Explorer** 中拖曳至 **Value** 列。

- 从 **Application Explorer** 中，将 **Textbox-Search**（**文本框—搜索**）拖曳至 **Element** 栏中。

完成后，单击 **OK** 按钮，关闭窗口。

（3）返回流程图，使用 **Link** 工具连接所有阶段。完成后的流程如图 7-1 所示。

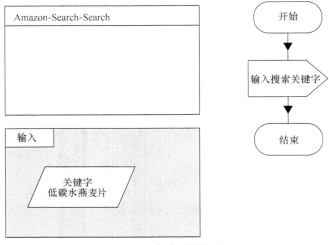

图 7-1　完成后的流程

运行操作以查看它是否有效。如果尚未进行此操作，请单击工具栏上的 **Launch** 按钮，在 Internet Explorer 中打开 Amazon 网站。在网站加载完成后，右击**开始**阶段，然后选择 **Set Next Stage**。最后，单击工具栏上的 **Run** 按钮。有看到机器人在搜索文本框中输入文本**低碳水燕麦片**吗？

> 如果同一表单上存在多个文本框，则可以使用同一个**写入**阶段同时输入所有文本值。为此，请单击 **Writer Properties** 窗口中的 **Add** 按钮，然后指定要写入的另一个值和待填写的文本框。

7.3 单击按钮

关键字已经在搜索文本框了，现在需要做的就是单击搜索按钮。之前使用过**导航阶段**启动或终止 Internet Explorer。请遵循以下步骤使用同一个**导航阶段**作为机器人的"手"来单击按钮。

（1）在打开的 **Search** 操作页中，断开 **Enter search keywords**（输入搜索关键字）阶段与**结束**阶段之间的连接。

（2）将一个**导航阶段**拖曳至**输入搜索关键字**阶段的下方。

（3）双击**导航阶段**以打开属性窗口。

● 命名为**单击搜索按钮**。

● 在 **Actions** 面板中，从**应用程序浏览器**中将 **Button-Search**（按钮—搜索）拖曳到 **Element** 栏中。

● 在 **Actions** 下拉列表框中，选择 **Click Centre**。

单击 **OK** 按钮，关闭窗口。

（4）最后使用 **Link** 工具连接所有阶段，如图 7-2 所示。

试运行一下，可以观察到这次机器人除在**搜索文本框**输入关键字之外，还单击了搜索按钮触发搜索操作。

图 7-2 添加单击搜索
按钮阶段

7.4 等待阶段

有注意到需要 1s 左右的时间才能完全加载搜索结果页面吗？在输入框中输入或单

击链接之前，人们就知道必须等待页面完成加载，然后才能进行下一步操作，但是机器人并不会像人一样有这种认知。如果不阻止它的"冲动行事"，机器人将会在单击**搜索按钮**后立即查找搜索结果。所有页面的加载都需要时间，即使仅需 1s。机器人不会自觉地等待，在页面被完全加载之前，它会认为没有找到任何结果。

这个时候，就要引入 Wait（**等待**）阶段了。这是一个易于使用的操作，旨在减慢机器人的速度以使其在适当的时间做恰当的事情，还用于检查在机器人与页面交互之前是否已将目标元素加载完毕。请参考以下步骤来教导机器人，在尝试读取搜索结果之前等待页面被完全加载。

（1）在**搜索**操作页，断开**单击搜索按钮**阶段和**结束**阶段之间的连接。

（2）将**等待**阶段拖曳到**单击搜索按钮**阶段的下方。可以注意到，当把**等待**阶段拖曳到页面上时，出现了"等待—超时"对（见图 7-3）。**Time out（超时**）阶段是架构设计中的重要组成部分。没有它的话，机器人可能会陷入无限循环，一直等待。稍后将介绍如何让机器人暂停预设的秒数，然后等待超时。

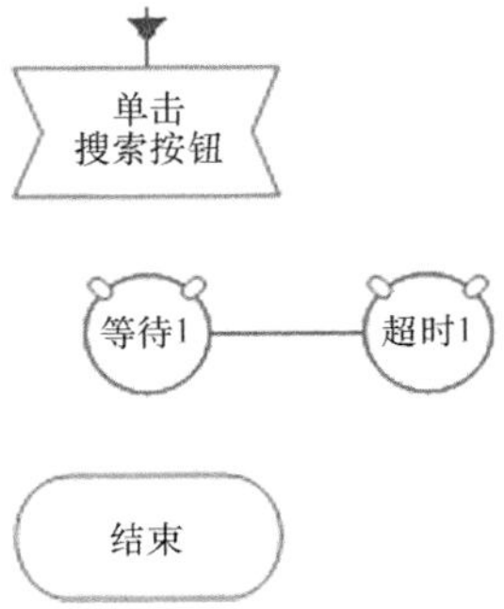

（3）通过双击**等待 1** 圆圈来打开 Wait Properties 窗口，重命名元素为**等待搜索结果**。

（4）在 Actions 面板上，请注意已经新添了一行，进行如下填写。

图 7-3　等待—超时

- 将 List-Search Results（**列表—搜索结果**）元素从 Application Explorer 中拖曳入 Element 栏中。

- 在 Condition 下拉列表框中，选择 Check Exists（**检查是否存在**）。

- 将 Value 设置为真。

（5）最后，在窗口的底部，将**超时**设置为 10s，结束后请单击 OK 按钮，关闭窗口。

等待阶段用于在屏幕上查找元素：**列表—搜索结果**。只要结果列表出现在页面上，机器人就会停止等待；还设置了 10s 的时间限制，如果页面加载时间超过 10s，则该阶段超时。

（6）回到**搜索**操作页，可以注意到在**等待**和**超时**阶段之间新添加了一个小圆圈。这表示机器人需要等待屏幕上的某个元素出现。添加到 Actions 面板中的元素越多，此处显示的小圆圈就会越多。

（7）如果出于某些原因，没有出现搜索结果，一定是发生了一些意外，需要人为干预排查原因。为了提醒人们，机器人会把异常抛回受人工控制的流程。从工具箱中将一个 Exception（**异常**）阶段拖曳到**超时**阶段的旁边，然后双击**异常**阶段并填写以下属性值。

- **Name**：Exception（异常）。
- **Exception Type（异常类型）**：System Exception（系统异常）。
- **Exception Detail（异常明细）**：Search results took too long to load（搜索结果加载时间过长）。

完成后的窗口如图 7-4 所示。输入完成后，单击 **OK** 按钮，关闭窗口。

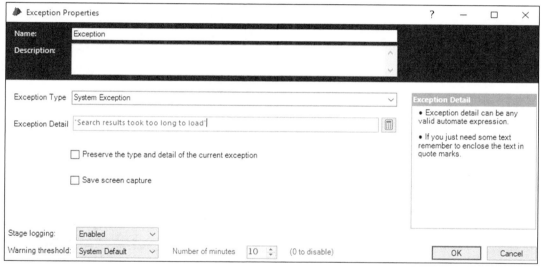

图 7-4　Exception Properties 窗口

（8）使用 **Link** 工具连接所有阶段，已完成的流程如图 7-5 所示。

等待阶段已被成功添加到流程图中。当测试**搜索**操作时，流程会等待搜索结果完全加载后再进入结束阶段。

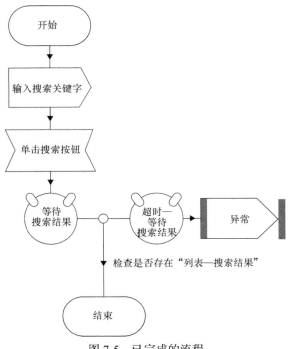

图 7-5　已完成的流程

每当更换屏幕时总是使用等待阶段

请再仔细观察一下流程图，是否看到其他可能受益于**等待**阶段的地方？没错，火眼金睛的你发现了：机器人应该在输入关键字之前检查是否已经加载搜索文本框。在第一次加载 Amazon 网页时，加载速度似乎非常快。人们知道在输入之前要等待搜索文本框完全加载。

然而，机器人需要经过指导才知道在加载页面时应该等待。为此，将遵循以下步骤并再次使用等待阶段。

（1）在**搜索**阶段页，断开**开始**阶段与**输入搜索关键字**阶段之间的连接。

（2）在**开始**阶段之后添加一个**等待**阶段，并将其命名为 **Wait for search text box（等待搜索文本框）**。在**等待**阶段的 **Actions** 面板中，设置配置如下。

- **Element**：Textbox-Search（文本框—搜索）。
- **Condition**：Check Exists（检查是否存在）。

- **Comparison**：Equal（等于）。

- **Value**：True（真）。

超时设为 5s，因为预计 Amazon 网站的加载时长不会超过 5s。

（3）在 **Time Out-Wait for Search text box（超时—等待搜索文本框）**阶段的旁边新增一个**异常**阶段，并将其属性设置如下。

- **Name**：Exception（异常）。

- **Exception Type**：System Exception（系统异常）。

- **Exception Detail**：搜索文本框加载时间过长（Search text box took too long to load）。

（4）最后，使用 Link 工具连接所有阶段，完成的流程如图 7-6 所示。

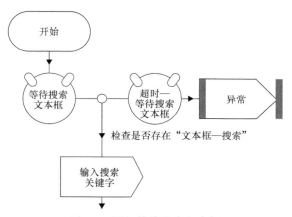

图 7-6　添加等待搜索文本框

现在机器人将等待搜索文本框加载，然后再尝试在其中输入关键字。

预估等待时长可能比较难，因为有些网站的加载时间会发生变化。同一个页面今天可以在 5s 内完成加载，但是明天可能需要 15s。建议加长等待时间，以应对加载缓慢的情况。如果页面加载时间小于超时限制，流程将退出**等待**阶段。

7.5　读取阶段

我们使用**写入**阶段在搜索文本框中输入文本。现在介绍 **Read（读取）**阶段，看看如何使用它来读取屏幕上的内容。在正在构建的流程中，已经完成了搜索结果的加载。现在将按照以下步骤使用**读取**阶段指导机器人读取结果列表并选择要购买的商品。

（1）在**搜索**操作页，断开**等待搜索结果**阶段与**结束**阶段之间的连接。

（2）从工具栏中将**读取**阶段拖曳到**结束**阶段的上方。

（3）双击刚才新添加的**读取**阶段，在 **Properties** 窗口中配置如下。

● **Name**：Read search results（读取搜索结果）。

（4）在 **Actions** 面板中已经新添了一行，进行如下配置。

● **Element**：Drag the List-Results element from Application Explorer and drop it into the Element field（从应用程序浏览器中将列表-搜索结果元素拖曳到 Element 栏中）。

● **Data**：选择 Get All Items（获取所有项）。

● **Store In field**：Enter Search Results. Click on the Data Item icon to create the collection（输入搜索结果，单击数据项按钮以创建集合）。

完成后的窗口在前几章中已有示例。结束后，单击 **OK** 按钮，关闭窗口。

（5）回到**搜索**操作页，将**等待**阶段的小圆圈连接到**读取搜索结果**阶段。最后，将**读取搜索结果**阶段连接到**结束**阶段，完成后的流程如图 7-7 所示。

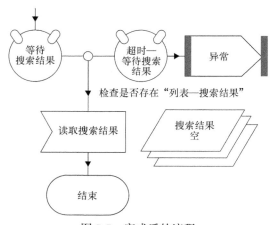

图 7-7　完成后的流程

测试更新后的**搜索**操作。在机器人运行完**读取搜索结果**阶段后，**搜索结果**集合将被包含搜索结果的数据行填充。在本示例中，发现了 20 个商品（每个人的结果可能会有所不同）。

双击**搜索结果**集合，查看 **Current Values（当前值）**选项卡，可以看到整个结果列表，如图 7-8 所示。

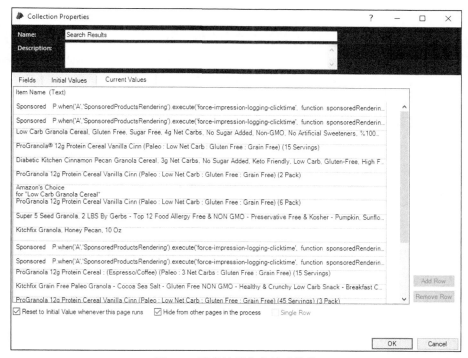

图 7-8 搜索结果集合的当前值

共计搜索出 20 个结果。对于不同的人来说，这个数字可能会有所不同，但重点是有许多产品可供选择。那么要买哪一个呢？是购买显示在结果第一位的商品？还是最便宜的？又或者是推荐最多的那个？机器人在选择商品时所使用的算法是由你来决定的。

请仔细查看前 5 个搜索结果。记住，目标商品是**低碳水燕麦片**。

当运行搜索后，结果列表中的前 4 个商品信息如下。

● **Sponsored: ProGranola 12g Protein Cereal Vanilla Cinn (Paleo : Low Net Carb: Gluten Free : Grain Free) (2 Pack)**

● **Sponsored: ProGranola 12g Protein Cereal Vanilla Cinn (Paleo : Low Net Carb: Gluten Free : Grain Free) (6 Pack)**

● **Low Carb Granola Cereal, Gluten Free, Sugar Free, 4 g Net Carbs, No Sugar**

Added, Non-GMO, No Artificial Sweeteners, 100% Natural, No Preservatives

- **ProGranola® 12g Protein Cereal Vanilla Cinn (Paleo∶Low Net Carb∶Gluten Free∶Grain Free) (15 Servings)**

要选择哪一个呢？想象一下，假如真的是在购物网站上购买麦片，在清单中挑选想要的商品时会想些什么？个人而言，我会选择非赞助商品。因此作为演示，将选择结果中第一个非赞助的商品。在本例中，它是列表中的第 3 个商品。

读取搜索结果

搜索结果已经被整齐地塞进一个集合了，也知道要购买的商品是哪个了，接下来将继续按照以下步骤训练机器人自行挑选。

（1）删除**读取搜索结果**阶段和**结束**阶段之间的连接。

（2）将一个**循环**阶段拖曳至 **Read Search Results**（**读取搜索结果**）阶段的下方，并将其命名为 **Loop Search Results**（**循环搜索结果**），设置其遍历**搜索结果**集合。

（3）向流程图中添加一个数据项，其属性设置如下。

- **Name**：RowCount（行数）。

- **Data Type**：Number（数字）。

- **Initial Value**：0。

将使用**行数**记录待购商品所在的行。如果在示例中一切进展顺利的话，待购商品在第 3 行。因此当机器人执行完任务后，**行数**应包含数值 3。

（4）在**循环搜索结果**阶段之间，添加一个**运算**阶段，其属性如下。

- **Name**：Increase RowCount（**增加行数**）。

- **Expression**：[RowCount]＋1（[行数]+1）。

- **Store Result In**：RowCount（行数）。

在此，只是想用**行数**记录在**搜索结果**集合中所要查找的行。

（5）接下来要判断某行是否包含想要的商品。记住，规则是购买第一个非赞助的商品。将一个**决策**阶段拖曳到**增加行数**阶段的下面，其属性配置如下。

- **Name**：Is it a sponsored product（这是赞助商品吗）？

- **Expression**：InStr([搜索结果.商品名称]，"赞助")>0 OR InStr([搜索结果.商品名称]，"Amazon 精选")>0。

使用 Instr()函数在商品名称中搜索 **Sponsored（赞助）**或 **Amazon's Choice**（Amazon **精选**）。如果这两个词中有任何一个存在，Instr()将以数字的形式给出文本的位置。例如，如果商品描述如下。

```
Sponsored: ProGranola 12g Protein Cereal Vanilla Cinn (Paleo : Low Net Carb : Gluten Free :
Grain Free) (2 Pack)
```

然后 Instr()将返回值 1，因为单词"赞助"出现在文本的开头。

如果找不到"赞助"一词，并且也找不到其他的匹配项，Instr()将返回值 0。因此，如果表达式的结果是大于 0 的数字，就可以认为这是一个赞助商品。

（6）请在**这是赞助商品吗?** 的右侧添加一个**注释**阶段，注释文本为 **Click on the item（单击商品）**，把它视为桩代码以模拟在决定购买商品时的真实单击动作。

（7）最后，将所有阶段连接起来，如图 7-9 所示。

再次运行并测试。机器人成功地在列表的第 3 项中找到了首个非赞助商品。在运行结束时，**行数**的值为 3。当然也可能是其他行，这取决于在搜索时 Amazon 网站上可供选择的商品。这里只是一个有关机器人如何解释它所读到的结果的示例。字符串函数——如 Instr()——通常用于确定机器人在读取文本后要选择的路径。

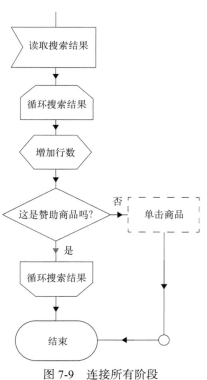

图 7-9　连接所有阶段

7.6　使用动态匹配属性

已经完成了输入关键词、触发搜索、得到结果、筛选结果，最后找到了想要购买的商品。那么如何让机器人单击待购商品链接进入产品页面，然后把它添加到购物车中？

到目前为止，所使用的侦察模式存在的问题是它假定要单击的商品是固定的：如果只想要列表上的第一个商品，仅需侦察到此元素，然后让机器人单击。

但是想要购买的商品在搜索结果中的位置可能会有所不同。今天它出现在第 3 行，明天可能在第五行，它的位置是不固定的。最终搜索结果取决于在触发搜索时列表显示的实时内容。

如何把要单击哪一行的信息传递给机器人呢？为此，需要执行动态匹配。流程的这部分内容可能比其他的稍微复杂一些。不过别担心，本书会逐步引导读者完成，如下所述。

（1）单击工具栏中的 **Application Modeller**，把它打开。

（2）在**搜索结果**下添加一个新元素，将其命名为 **Link-Item to Purchase**（链接-待购商品）。

（3）单击 **Identify** 按钮并使用 Alt 键将侦察模式切换为 HTML。选中搜索结果中第一个商品的超链接，如图 7-10 所示。

图 7-10　选中商品的超链接

（4）回到 **Application Modeller** 中，取消勾选除 **Path** 之外的其他所有匹配条件。仔细观察存储在 **Path** 中的值，它应该类似于以下代码。

```
/HTML/BODY(1)/DIV(1)/DIV(2)/DIV(1)/DIV(3)/DIV(2)/DIV(1)/DIV(4)/DIV(1)/DIV(1)/UL(1)/LI(1)/DIV(1)/DIV(1)/DIV(1)/DIV(2)/DIV(1)/DIV(1)/A(1)/H2(1)
```

若不明白这有何含义，也无须担忧，稍后才会用到它。现在先将整段代码复制粘贴到别的地方，比如记事本。

（5）将 **Path** 属性的 **Match Type** 更改为 **Dynamic**。请注意，**Value** 列将变灰。这意味着 **Application Modeller** 不再读取存储在 **Value** 列中的值了，它将从操作流程图中获取值，稍后会详述。

（6）已经完成了 **Application Modeller** 的配置，单击 **OK** 按钮。

（7）在 **Search** 操作页中删除之前用作占位符的桩代码**单击商品**。

（8）将一个**运算**阶段拖曳在 **Is it a sponsored product?**（这是赞助商品吗？）阶段的旁边，命名该运算阶段为 **Get the path of the product's pages**（获取商品页面路径）。

已经定义了一个元素来存储搜索结果，但是还没有告诉机器人要单击哪个商品。现在一起来看看之前提取的看起来比较复杂的 HTML 路径，这是通过侦察搜索结果列表中第一个商品的链接得到的。请注意用粗体突出显示的部分，在 HTML 语言中，LI 指的是列表项。因此，LI（1）指向列表中的第一项。

```
/HTML/BODY(1)/DIV(1)/DIV(2)/DIV(1)/DIV(3)/DIV(2)/DIV(1)/DIV(4)/DIV(1)/DIV(1)/UL(1)/LI(1)/...
```

这意味着仅需将 LI（1）替换为 LI（3），即可得到列表中的第 3 项。把之前获得的 HTML 路径复制粘贴到表达式框中，不要忘了在它的两边加上英文双引号。查找路径的 LI（1）部分，并将数字 1 替换为 "&[RowCount]&"，最终的表达式如下。

```
"/HTML/BODY(1)/DIV(1)/DIV(2)/DIV(1)/DIV(3)/DIV(2)/DIV(1)/DIV(4)/DIV(1)/DIV(1)/UL(1)/LI("&
[RowCount]&")/DIV(1)/DIV(1)/DIV(1)/DIV(2)/DIV(1)/DIV(1)/A(1)/H2(1)"
```

在 **Store Result In（存储结果于）**字段栏中，输入 **Product Path**（商品路径），然后单击数据项按钮进行自动创建。完成的窗口应如图 7-11 所示。

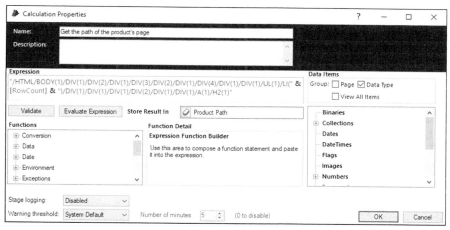

图 7-11　Calculation Properties 窗口

（9）将一个**导航阶段**放置在**获取商品页面路径**阶段的旁边，如图 7-12 所示。

（10）将**导航 1** 阶段重命名为**单击待购商品**，在其 **Actions** 面板中，从 **Application Explorer** 中将**链接—待购商品**拖曳到 Element 栏中。在 **Action** 下拉列表框中，选择 **Click Center**。

（11）请注意，参数按钮 是可单击的。单击该按钮，打开 **Application Element Parameters** 窗口。还记得已经把 **Path** 属性设置成动态的吗？正因如此，现在才能够定义它的值。请将**商品路径**从右侧面板拖曳到 **Value** 列中。

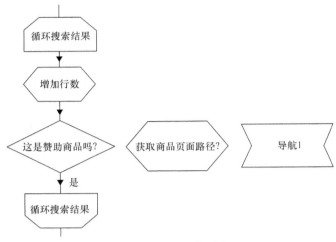

图 7-12　添加导航阶段

（12）完成后，单击 **OK** 按钮，关闭已打开的窗口。使用 **Link** 工具连接所有阶段，如图 7-13 所示。

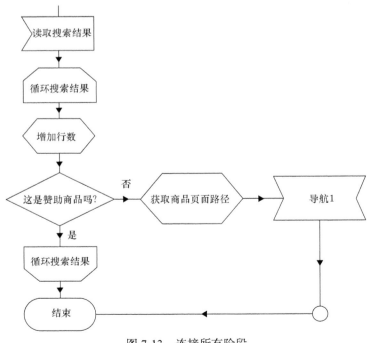

图 7-13　连接所有阶段

（13）发布**搜索**操作，以便在流程中使用，然后保存业务对象。

现在再次运行该操作。请注意，机器人不会单击它找到的第一个商品（除非这个商品正是所要寻找的），而会根据指令单击第一个非赞助商品。机器人前往正确的商品页面了吗？

7.7　操作也有输入和输出

在整个搜索操作流程图的构建过程中，将搜索关键词编码为"低碳水燕麦片"。这对于测试和构建业务对象非常有效，但是实际购物范围不会仅限于这一件商品上。在最初的设计中，采购流程从一个外部清单（如贴在冰箱上的那张纸）中获取购物列表。我们应该把这个列表放进搜索操作中，而不是将其固定为"低碳水燕麦片"。

为此，要向操作中添加输入，就像之前对其他流程所做的那样，请参照以下步骤。

（1）打开**搜索**操作流程图进行编辑。

（2）双击**开始**阶段。在 **Start Properties** 中，单击 **Add** 按钮，然后 **Inputs** 列表就新增了一行。

（3）在 **Inputs** 区，请输入以下属性值。

- **Name**：Keywords。
- **Description**：Keywords used to search for the product to purchase on Amazon's site（用于在 Amazon 网站上搜索待购商品的关键字）。
- **Data Type**：Text。

（4）将 **Keywords** 数据项从右侧面板上的 **Data Explorer** 中拖曳到 **Store In** 字段栏中。完成的窗口如图 7-14 所示。

（5）完成后，单击 **OK** 按钮，关闭窗口。

（6）回到**搜索**操作流程图中，清除先前输入的 **Keywords** 数据项的初始值。

稍后当把搜索操作添加到主流程图中时，可以指定想要作为输入值的关键字。

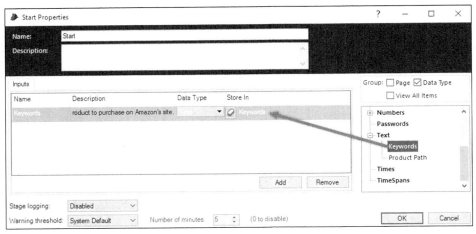

图 7-14　Start Properties 窗口

7.8　自行尝试——单击加入购物车按钮

现在已经输入了关键字，触发了搜索按钮，并且单击了想要购买的商品。剩下要做的就是单击 **Add to Cart**（**加入购物车**）按钮。在本节中，将利用在前面章节中学到的所有知识来构建单击**加入购物车**按钮的逻辑。

在 Amazon 网站上，大多数商品页面都有一个**加入购物车**按钮。这是一种简单的机器人应用场景，机器人只需单击**加入购物车**按钮即可完成。但问题是有些商品页面没有这个按钮。Amazon 有一个食品杂货的订阅计划，通过定期自动将货品寄送到用户家中以希望用户能够重复购买。虽然这是一个比较不错的想法，但是机器人在看到订阅选项时需要决定要怎么办。为了简化问题，让机器人在任何 **One-time Purchase**（**一次性购买**）出现的地方选择该选项（见图 7-15）。

当深入了解细节时发现，整个结账过程实际上要更加复杂。有些商品可能无法运送到目的地国家，或者网站可能设定最低购买数量等。这些都被认为是例外，因为机器人还不知道如何处理这些情况。

准备好开始构建逻辑"添加商品到购物车"了吗？作为回顾，请尝试以下步骤，看看是否能够自行构建。

（1）首先创建一个新操作页，命名为**加入购物车**。

图 7-15　一次性购买选项

（2）接下来打开**应用程序建模器**并创建一个名为**商品页面**的新类别元素。在 HTML 模式下使用相应的匹配属性侦察以下元素，如表 7-1 所示。

表 7-1　　　　　　　　　　　　　　　待识别元素

序号	名称	仅选择以下匹配属性
1	Button-Add to Cart（按钮—加入购物车）	Input Identifier、ID
2	Radio Button-One-time Purchase（单选按钮——一次性购买）	Value、Tag Name
3	Link-Product Title（链接—商品标题）	Tag Name、ID

请使用图 7-16 作为参考，以确认表 7-1 中的每个元素。

图 7-16　参考网页

（3）回到 Amazon 商品页面，单击**加入购物车**按钮。请注意，此时收到一条消息**已添加到您的购物车**。在 **Application Modeller** 中，在 **Product Page（商品页面）**节点的下方添加另一个元素，命名新元素为**标签—已加入购物车**。在 UI 自动化模式下侦察页面消息，这是一个可以让人们知道商品是否已被成功添加到购物车的元素。请保留匹配条件：UIA 名称和 UIA 控件类型。

完成后，请单击 **OK** 按钮关闭 **Application Modeller**。

为什么要使用 UI 自动化模式侦察**加入购物车**的消息，而不是像其他元素那样在 HTML 模式下进行侦察？这就是所谓的侦察。请记住，没有正确或错误的答案。选择 UI 自动化模式的原因是，我们想知道**已加入购物车**的消息是否在屏幕上可见。虽然 Amazon 已经加载了此消息，但是除非单击**加入购物车**按钮，否则此消息将保持隐藏状态。如果使用 HTML 模式，那么将始终选择所有已加载但不一定可见的元素；UI 自动化模式只会寻找可见元素，这正是在这个场景中所需的。

（4）返回画布，添加新阶段，如图 7-17 所示。

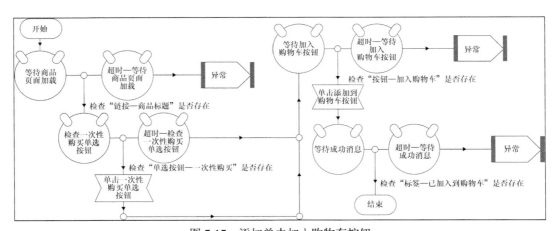

图 7-17　添加单击加入购物车按钮

属性配置如表 7-2 所示。

表 7-2   属性配置表

阶段名称	类型	属性	值
等待商品页面加载	等待	超时	5
		元素	链接—商品标题
		条件	检查存在与否=真
异常—等待商品页面加载	异常	异常类型	系统异常
		异常明细	"商品页面未在设定时间内完成加载"
检查一次性购买单选按钮	等待	超时	1
		元素	单选按钮——次性购买
		条件	检查存在与否=真
单击一次性购买单选按钮	导航	元素	单选按钮——次性购买
		操作	单击中心
等待加入购物车按钮	等待	超时	3
		元素	按钮—加入购物车
		条件	检查存在与否=真
异常—等待加入购物车按钮	异常	异常类型	系统异常
		异常明细	"加入购物车按钮未在设定时间内完成加载"
单击加入购物车按钮	导航	元素	按钮—加入购物车
		操作	单击中心
等待成功消息	等待	超时	5
		元素	标签—已加入购物车
		条件	检查存在与否=真
异常—等待成功消息	异常	异常类型	系统异常
		异常明细	"加入购物车失败"

（5）添加 **Success** 标志作为输出字段，以指明是否成功地将商品添加到购物车中。在**结束**阶段，请添加具有以下属性的输出字段。

- **Name**：Success。

- **Description**：Flag to indicate whether the operation was successful（指示操作是否成功的标志）。

- **Data Type**：Flag。

- **Get Value From**：Click on the Data Item icon to automatically create it（单击数据项按钮以自动创建）。

当在本书后续章节中学习如何处理异常时，将给 **Success** 标志赋值。

（6）保存并发布**加入购物车**操作。

7.9　整合流程

现在已经完成了搜索操作的构建。请遵循以下步骤，把已经完成的内容整合到之前创建的采购主流程中。

（1）打开**每周杂货采购**流程，编辑**搜索商品并加入购物车**页。

（2）删除用作桩代码的**搜索商品并加入购物车**注释阶段。

（3）将一个**操作**阶段拖曳到**启动 Amazon** 和**关闭 Amazon** 阶段之间，配置如下。

- **Name**：Search（搜索）。

- **Business Object**：Amazon-Search（Amazon—搜索）。

- **Action**：Search（搜索）。

需要指明待购商品的名称作为输入。记住，待购商品列表存储在一个名为 **Input-List of Items to Purchase**（输入—待购商品清单）的集合中，还将存储商品名称的列命名为 **Item Name**（商品名称）。因此，在 **Inputs** 面板中，输入 "[Input-List of Items to Purchase.Item Name]" 作为 Keywords 的值。句点（.）用于获取集合中特定列的值。

（4）接下来，在**搜索**阶段的下方添加另一个**操作**阶段，配置属性如下。

- **Name**：加入购物车。

- **Business Object**：Amazon—搜索。

- **Action**：加入购物车。

在 **Outputs** 面板中有 **Success** 标志，请单击数据项按钮自动创建名为 **Success** 的数据项，以指示商品是否已被成功添加到购物车。

（5）连接所有阶段。**循环输入—待购商品清单**内的流程如图 7-18 所示。

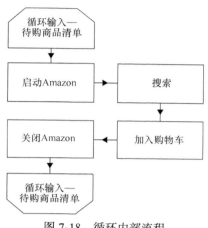

图 7-18　循环内部流程

准备测试流程。在运行流程时，可以看到机器人正在将商品添加到购物车中。在流程结束后，请检查购物车。机器人是否成功地在购物车中添加了所有商品？

7.10　小结

在本章所学到的技能会在设计和构建自己的业务对象时提供很大的帮助。本章介绍了如何使用**写入**阶段在文本框中输入文本，然后使用**读取**阶段获取文本，接着使用字符串函数和**决策**阶段教导机器人理解文本，最后介绍了**等待**阶段以及如何在与元素交互前使用它来检查屏幕上的元素是否存在。本章结尾提供了一个练习，该练习可以作为对目前所学主题的回顾。

第 8 章将会介绍如何从 Excel 中读取购物清单。

第8章
与 Excel 交互

Microsoft Excel 是一款普遍应用的软件，协助用户将数据组织成包含数据行和列的电子表格。几乎所有计算机用的是 Windows 操作系统的用户都可能会使用它来记录数据、执行运算或创建图表。

随着 Excel 在日常生活中的广泛应用，即使 Blue Prism 自带一个关于 Excel 的库也不足为奇，相当于给机器人打开了通向 Excel 世界的大门。通过这个库，机器人可以执行一些人们在 Excel 常见的操作。

- 打开工作簿。

- 读/写电子表格。

- 读/写单元格的值。

- 运行宏。

- 设置单元格格式。

本章会介绍如何应用上述的一些操作来丰富示例**每周杂货采购**流程，实现机器人自动从 Excel 电子表格中读取购物清单。本章从导入 Excel VBO 开始，其中包含了与 Excel 交互的 Blue Prism 库，然后使用 Excel VBO 执行以下操作。

- 打开、读取和关闭 Excel 工作表。

- 向工作表里的单元格中写入。

逗号分隔值（Comma Separated Values，CSV）文件常被用来代替 Excel 保存数据。本章结尾会展示如何将 Excel 中使用的概念应用于 CSV 文件。

8.1　从 Microsoft Excel 读取购物清单

从 Microsoft Excel 电子表格中读取购物清单是本章的实践教程。在前文中，通过输入待购商品名称作为集合初始值的方式编码了购物清单。当然不希望每周都重复这样的工作，因为编辑集合要求更新清单的人精通 Blue Prism 才行。在现实生活中购物清单是被保存在某个地方的，比如保存在 Microsoft Excel 文件的工作表格中。Excel 让一切变得简单，即使是一个计算机初学者也懂得如何在 Excel 里输入购物需求。

在正式开启本章内容之前，首先请遵循以下步骤准备购物清单。

（1）新建一个名为 ShoppingList_Henry.xlsx 的 Excel 文件，将购物者的名字（本例使用 Henry）添加在文件名的最后，借此区别不同购物者的清单。

（2）将"Sheet1"重命名为"List"，删除"Sheet2"和"Sheet3"。

（3）输入图 8-1 所示的购物清单。共有 3 列：**Item Name（物品名称）**、**Status（状态）** 和 **Remarks（备注）**。随意添加要购买的商品至电子表格的每一行中。

图 8-1　购物清单

（4）在 C 盘新建一个文件夹，命名为"Shopping"（或者在其他地方创建文件夹，记住路径即可）。将含有购物清单的 Excel 文件保存至路径"C:\Shopping\ShoppingList_Henry.xlsx"。

之前只是在**获取购物清单**页中添加了一个注释阶段。本章会在其中逐步填充实际的操作步骤来读取"ShoppingList_Henry.xlsx"Excel 文件和更新每个商品的状态。

8.2　导入 Excel VBO

在使用 Excel VBO 库之前，先检查一下它有没有被安装到环境里。如果没有的话，请把它安装到环境里。

导入 Excel VBO 的步骤如下所述。

（1）在 Blue Prism 设计器中，单击 **File|Import** 选项。

（2）打开 **Import Release** 窗口，单击 **Browse** 按钮查看需要导入的文件。

（3）导航到"C:\Program Files\Blue Prism Limited\Blue Prism Automate\VBO"，Blue Prism 自带的所有库都能在该文件夹中找到。

（4）查找名为"BPA Object-MS Excel.xml"的文件，双击打开它。

（5）文件就这样被导入数据库中，然后单击 **Finish** 按钮。现在 MS Excel VBO 对象出现在列表中，如图 8-2 所示。

图 8-2　MS Excel VBO 导入成功

8.3　使用 MS Excel VBO 打开、展示和关闭 Microsoft Excel

接下来研究如何使用 MS Excel VBO 库启动 Excel。在下文中，会启动 Microsoft Excel 应用程序并在屏幕上显示以使其可见。最后，为了保持桌面整洁，再正常关闭 Excel 应用。

8.3.1　开始之前

在构建流程之前，先按照以下步骤删除之前放置的桩代码。

（1）打开**每周杂货采购**流程，使其可供编辑。

（2）单击**获取购物清单**页。

（3）删除之前作为实际步骤占位符的注释阶段，使**开始**和**结束**阶段之间完全空白。

（4）在**输出—待购商品清单**集合的属性窗口中，单击 **Fields** 标签。单击 **Clear Fields** 按钮来删除所有字段，同时也会删除之前输入的初始值。

获取购物清单页的起点应该与图 8-3 所示的类似。

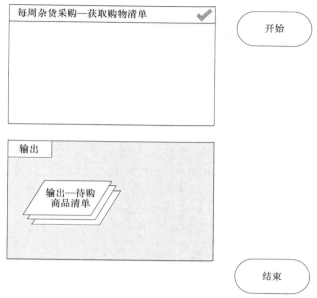

图 8-3 删除之前的桩代码

8.3.2 打开 Excel

现在画布干净了，接下来继续使用 MS Excel VBO 打开一个 Excel 实例，步骤如下。

（1）将工具箱里的**操作阶段**拖曳在**开始**阶段下方，赋予此**操作阶段**以下属性值。

- **Name**：Create Excel instance（创建 Excel 实例）。
- **Business Object**：MS Excel VBO。
- **Action**：Create instance（创建实例）。

（2）在属性窗口里，单击 **Outputs** 标签，请注意页面上有一个名为 **Handle（句柄）**的输出字段。通过单击 **Store In** 字段栏中的数据项按钮，新建一个名为**句柄**的数据项。完成后，关闭窗口。刚才新建的**句柄**数据项是一个数字，用于唯一标识打开的 Excel 实例。Windows 操作系统可以在同一时间打开多个 Excel 实例，因此需要使用句柄跟踪正在使用的某个特定 Excel 窗口。

（3）通过将 Excel 展示在屏幕上使其可见。在 **Create Excel instance（创建 Excel 实例）**阶段下面添加另一个**操作阶段**。赋予此**操作阶段**以下属性值。

- **Name**：Show（展示）。

- **Business Object**：MS Excel VBO。

- **Action**：Show（展示）。

（4）在 **Inputs** 选项卡中，将**句柄数据项**拖曳到**句柄输入**的 **Value** 列中。

（5）将所有阶段连接在一起，完成后的流程如图 8-4 所示。

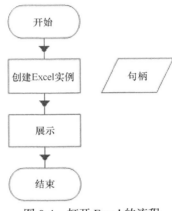

图 8-4　打开 Excel 的流程

8.3.3　关闭 Excel

在打开并显示 Excel 后，需要关闭它（刚打开 Excel 就要关闭的确听起来很无语，但是请暂时忍受一下；很快就能做一些有趣的事情，比如读取 Excel 文件放到一个集合）。

（1）将另一个的**操作阶段**拖放在**展示**阶段下方，赋予此**操作**阶段以下属性值。

- **Name**：Close Instance（关闭实例）。

- **Business Object**：MS Excel VBO。

- **Action**：Close Instance（关闭实例）。

（2）可以注意到 **Inputs** 部分包含两个字段：**句柄**和 **Save Changes**（**保存更改**）。将**句柄数据项**拖曳至**句柄输入**字段中，**保存更改**字段提供了一个可以保存 Excel 文件任意改动的选项。由于电子表格没有任何更新，因此将**保存更改**的值保留为 False。

（3）回到画布上，连接所有阶段。完成的流程如图 8-5 所示。

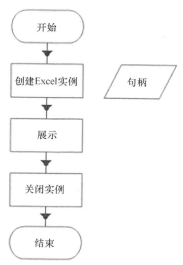

图 8-5 添加关闭 Excel 后的流程

运行流程后，可以看到 Excel 启动了，出现在屏幕上，然后很快又被关闭。此时还没有执行任何操作，连一个文件都没有打开，下文会介绍如何打开 Excel 文件。

8.4 MS Excel VBO 的构成

MS Excel VBO 库的内部到底是什么？共同来一探究竟吧！在对象设计器中，双击打开 **MS Excel VBO**，使其可供编辑，或者右击之前添加的**创建 Excel 实例**操作，然后选择 **View action in Object Studio（在对象设计器中查看操作）**。

请单击 **Initialise** 标签旁的小箭头▫ ⊘ Initialise 。MS Excel VBO 的操作列表中包含了非常多立即可用的操作。现在来看其中的一个操作，选择刚刚使用过的 **Create Instance（创建实例）**操作。之前目睹**创建实例**操作打开了 Microsoft Excel 应用，这是怎么办到的呢？请注意这个操作中包含了一个代码块，双击**创建实例代码块**，然后单击 **Create** 标签。

这里只有 3 行代码，如图 8-6 所示。简单地说，Excel VBO 对象用代码来启动 Excel 应用程序。

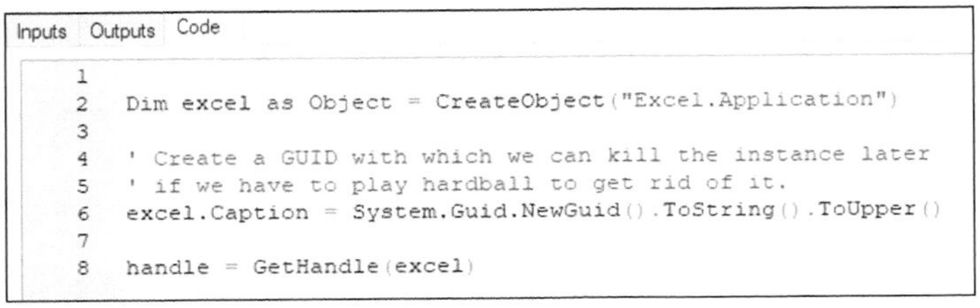

```
Inputs  Outputs  Code
  1
  2    Dim excel as Object = CreateObject("Excel.Application")
  3
  4    ' Create a GUID with which we can kill the instance later
  5    ' if we have to play hardball to get rid of it.
  6    excel.Caption = System.Guid.NewGuid().ToString().ToUpper()
  7
  8    handle = GetHandle(excel)
```

图 8-6　创建实例的代码

Microsoft Excel VBA 介绍

　　MS Excel VBO 用来操作 Excel 的代码是一种叫作 Visual Basic for Application（VBA）的编程语言。这种语言的起源可以追溯到 Visual Basic（在 ASP.NET 出现之前的原始版本）时期，虽然 Visual Basic 已被 Visual Basic.NET 取代，但 VBA 仍在使用。作为一个强大的工具，VBA 被嵌入很多 Office 应用程序，包括 Excel 和 Word，从而让用户获得超出应用程序本身所能提供的功能。人们可以使用 VBA 编写宏，进行复杂计算，执行简单的编程任务，比如连接到一个外部的数据库，然后下载数据到电子表格里。

　　VBA 的好处在于它允许 Blue Prism 以编程的方式使用 Excel。通过这种方式，机器人可以非常稳定地读写 Excel 数据，同时不会受到按钮位置移动或者新装插件等变动因素的影响。

8.5　打开 Excel 文件

　　已经启动了 Excel，但是还没有打开 **ShoppingList_Henry.xlsx** 文件，可以通过下列步骤实现。

　　（1）在打开的**获取购物清单**页中，将一个**操作阶段**拖曳到 **Show（展示）**阶段的下方，配置信息如下。

- **Name**：Open List（打开清单）。
- **Business Object**：MS Excel VBO。
- **Action**：Open Workbook（打开工作簿）。

　　（2）在**打开清单**阶段的 **Inputs** 选项卡中，有两个输入：Handle（句柄）和 File Name（文件名）。

- **句柄**：把之前创建 Excel 实例时的**句柄**数据项拖曳到**句柄**字段中。

- **文件名**：把之前创建的用于存储 Excel 文件真实路径（C:\Shopping\ShoppingList_Henry.xlsx）的**购物清单 Excel 文件路径**数据项拖曳到此处。

（3）单击 **Outputs** 标签，然后单击 **Workbook Name（工作簿名称）** 的数据项按钮，系统将自动创建一个名为**工作簿名称**的数据项。

（4）连接所有阶段，如图 8-7 所示。

现在启动流程时，机器人不仅会打开 Excel，还会打开包含购物清单的电子表格。但是只执行到这一步是远远不够的，还需要读取电子表格里的数据，然后把这些数据放入一个等待机器人处理的集合中。

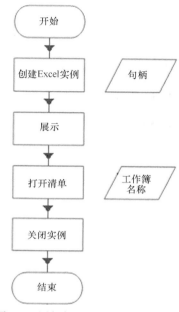

图 8-7　添加打开 Excel 文件后的流程

8.6　将整个工作表读取到集合中

既然已经能够打开 Excel 工作簿了，接下来要指引机器人读取其中的内容。如果查看 MS Excel VBO 库中所有可用的操作，会发现以下可选操作。

- **获取工作表作为集合**：从 A1 单元格读取到最后一个有数值的单元格。

- **获取工作表作为集合偏移**：从指定单元格读取到最后一个有数值的单元格。

- **获得工作表范围作为集合**：从指定的单元格开始读取，到指定的单元格结束。

- **获得工作表作为集合（快速）**：不推荐该操作。由于要向后兼容，因此它还存在于列表中。

所选择的操作取决于电子表格的格式。因为购物清单开始于 A1 单元格，所以可以使用**获取工作表作为集合**。

（1）把一个**操作**阶段拖曳在 **Open List（打开清单）**阶段的下方，配置其属性如下。

- **Name**：Read worksheet（读取工作表）。

- **Business Object**：MS Excel VBO。

- **Action**：Get Worksheet As Collection（获取工作表作为集合）。

（2）在 **Read worksheet** 属性窗口的 **Inputs** 面板里，有 3 个必填的字段。

- **Handle**：从 Data Explorer 中拖曳[handle]。

- **Workbook Name**（工作簿名称）：从 Data Explorer 中拖曳 **Workbook Name**。

- **WorksheetName**（工作表名称）：输入要读取的工作表名称。本示例的工作表名称为 List，记得加上英文双引号！

（3）单击 **Outputs**。因为希望把 Excel 中的内容存储在名为**输出—待购商品清单**的集合中，所以请把此集合拖曳到名为 **Data** 的输出字段中。

现在连接所有阶段，如图 8-8 所示。

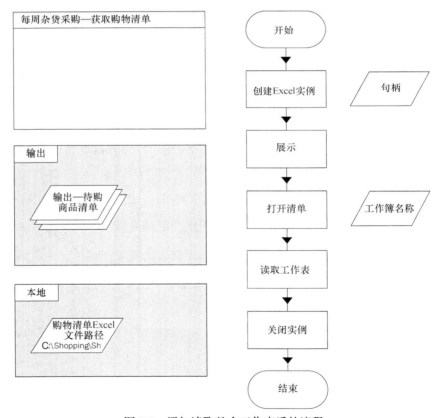

图 8-8　添加读取整个工作表后的流程

再次运行流程。这一次，购物清单电子表格的内容被填充进**输出—待购商品清单**的集合中。打开集合检查它的当前值，工作表的首行自动成为集合的表头，数据以其在电子表格中输入的方式填充到集合中，如图 8-9 所示。

Fields	Initial Values	Current Values		
Item Name (Text)			Status (Text)	Remarks (Text)
Low Fat Granola Cereal				
Back to Nature Non-GMO Granola Clusters				

图 8-9　读取表格后集合的值

也可以使用**写入集合**操作把集合写回 Excel 电子表格，请自行练习。

Excel 工作表有时可能会包含空行，这些空行如果被读取到集合中，在数据处理时可能会造成异常情况。为了删除空行，请使用**工具—集合操作**业务对象中的**删除空行**操作。

8.7　写入单元格

请查看购物清单电子表格，**Status** 和 **Remarks** 列当前为空。聪明的你可能已经猜到了，这些空白位置是机器人用来标记是否已成功购买的。如果由于某种原因，在添加商品到购物车时产生了异常，那么机器人就会在备注列中进行记录。

先前已经把整个电子表格读取到一个集合了。现在尝试使用 MS Excel VBO 库来更新集合。为此，请参照下列步骤创建一个新的操作页。

（1）在**每周杂货采购**流程中，创建一个新页，命名为 **Update Status**（更新状态）。

（2）在新页的**开始**阶段中添加两个输入，分别为传递状态文本信息和待更新的行号。请参照表 8-1 添加输入字段。

表 8-1　　　　　　　　　　　　　　　　　　　输入字段

名称	数据类型
状态	文本
行号	数值

对于每一个输入字段，单击 **Store In** 字段中的数据项按钮进行自动创建。

（3）创建一个 Excel 实例阶段，然后再创建展示和打开工作簿，最后创建关闭实例。一种快捷的创建办法是从**获取购物清单**页复制这些步骤。图 8-10 所示为完成后的写入单元格流程。

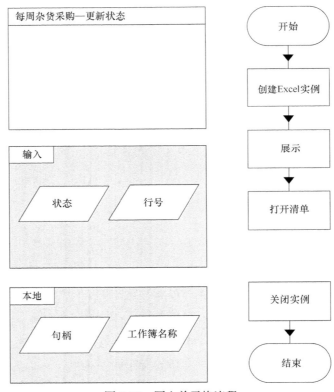

图 8-10　写入单元格流程

（4）把另一个**操作阶段**拖曳在**打开清单**的下面，设置属性值如下。

● **Name**：Update Status（更新状态）。

● **Business Object**：MS Excel VBO。

- **Action**：Set Cell Value（设置单元格值）。

（5）可以看到**设置单元格值**操作需要 3 个输入值。

- **Handle**：从 Data Explorer 中拖曳[handle]至此。

- **Cell Reference**（**单元格引用**）：它需要实际引用的单元格号。因为在购物清单文件中，"状态"是 B 列，所以插入公式："B" & [行号] + 1。可以从输入数据项[**行号**]中获得行号。因为第一行始终是标题，所以公式中要加上 1。

- **Value**：拖曳 Data Explorer 中的[Status]，这是另一个要作为输入的数据项。

（6）在更新 Excel 文件后，需要保存改动。双击 **Close instance**（**关闭实例**）阶段，然后把 **Save Changes** 的输入值改为 True。

（7）最后连接所有阶段，完成的流程如图 8-11 所示。

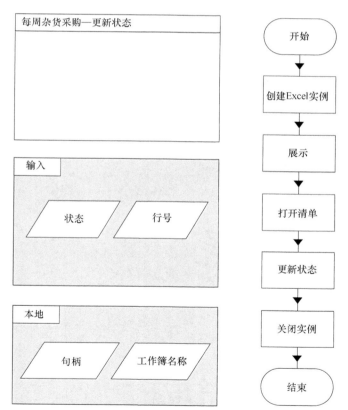

图 8-11　添加更新状态阶段后的流程

与写入文本至单元格的方法一样，可以选择读取单元格的值，然后把它放到文本数据项中。为此，请使用**获取单元格值**操作，只需把句柄和待读取的单元格名字（如 B2）标记清楚即可。

还没结束呢，还需要在每次添加完商品到购物车后调用更新状态页。请返回**搜索商品并加入购物车**页添加以下阶段。

（1）打开**搜索商品并加入购物车**页，在其中添加一个**数据项**用于存储状态值。

● **Name**：Status（状态）。

● **Data Type**：Text。

（2）再添加一个数据项用来存储行号。

● **Name**：Row number（行号）。

● **Data Type**：Number（数字）。

● **Initial Value**：1。

（3）在**关闭 Amazon** 阶段的下方添加一个新阶段，完成流程图绘制，如图 8-12 所示。

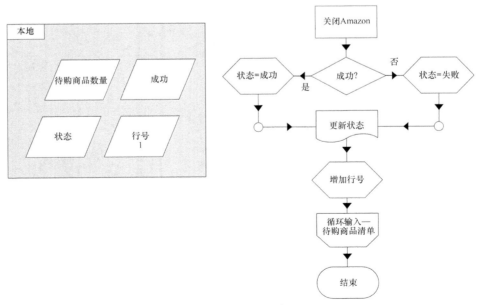

图 8-12　流程示例

请使用表 8-2 配置每个新阶段。

表 8-2   配置信息表

阶段名称	阶段类型	属性	值
成功?	决策	表达式	[成功]
状态=成功	运算	表达式	"添加商品到购物车成功"
		存储结果于	状态
状态=失败	运算	表达式	"添加商品到购物车失败"
		存储结果于	状态
更新状态	页	页	更新状态
		状态	[状态]
		行号	[行号]
增加行号	运算	表达式	[行号]+ 1
		存储结果于	行号

在尝试添加商品到购物车后，可以通过检验 Success 数据项来检查商品是否被成功添加。请设置 **Status** 信息并使用 **Update Status**（更新状态）页来更新 Excel 电子表格。最后，在依次处理每一行待购清单的信息时，还要相应地增加**行号**。

试运行流程。每当机器人成功地添加商品到购物车时，就会更新购物清单的状态。目前还没有遇到异常情况，如果在添加购物车时产生异常，机器人就会终止流程。本书后续章节会介绍如何应对异常情况。

相应地，也可以使用 MS Excel VBO 对象的**写入集合**操作完成同样的事情。与直接更新 Excel 电子表格不同，首先更新的是**输入—待购商品清单集合**的值，在完成循环后，再把整个集合写回 Excel 电子表格。

8.8   CSV 文件的注意事项

有一种特殊的电子表格类型：CSV，这是一种调用以逗号分隔值的数据行的理想方式。

以表 8-3 作为示例。

表 8-3　　　　　　　　　　　　　　　　　文本行示例

ID	标题
1	Don't be Horrid, Henry!
2	Horrid Henry and the Fangmangler

从视觉上看，表 8-3 中的内容并不多，但是对于计算机来说这实际上是一堆混在一起的文本，导致提取数值相对困难；此外，在许多与第三方系统集成的系统中并没有安装 Microsoft Excel，因此 CSV 是一个比较不错的存储表格式数据的替代方式。

Blue Prism 有一些工具可以轻松地处理 CSV 文件，它们存放在以下库文件中。

● Utility-Strings library（工具—字符串库）。

● Utility-File Management（工具—文件管理）。

下面会通过一些示例实际地应用 Utility-Strings library。首先检查是否已经导入了 Utility-Strings.xml 和 Utility-File Management.xml 库；如果没有导入的话，参考 8.2 节的内容把这两个库导入 Blue Prism 设计器中。

8.8.1　将集合转换为 CSV

假设正在处理一个集合并且希望把它存储成一个 CSV 文件，应该怎么做呢？通过以下步骤来一探究竟吧。

（1）创建一个新流程，将其命名为**尝试 CSV**。

（2）打开主页，添加一个 **Collection**，将其命名为**喜爱的书**，然后定义以下两个字段。

● ID（数值）。

● 标题（文本）。

（3）使用喜欢的书名生成清单的 **Initial Value**，如表 8-4 所示。

表 8-4　　　　　　　　　　　　　　　　　书名清单

ID	标题
1	Don't be Horrid, Henry!
2	Horrid Henry and the Fangmangler

（4）把一个**操作阶段**拖曳在**开始**阶段的下面，赋予以下属性值。

● **Name**：Get list as CSV（获得 CSV 格式的清单）。

● **Business Object**：Utility-Strings（工具—字符串）。

● **Action**：Get Collection as CSV（获得集合为 CSV）。

（5）流程只有一个输入，即希望转换为 CSV 格式的集合。请把**喜爱的书**拖曳到 Input Collection 字段中，然后在 **Ouputs** 标签页中会产生一个名为 **Collection CSV**（**集合 CSV**）的文本值，其中会包含 CSV 格式的清单，单击数据项按钮自动创建此**集合 CSV** 数据项。

（6）回到主页，连接所有阶段，如图 8-13 所示。

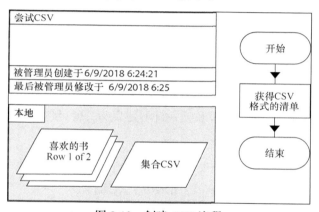

图 8-13　创建 CSV 流程

运行流程。结束时，检查存储在**集合 CSV** 里的 **Current Values**（**当前值**）。是否获得图 8-14 所示的集合，只不过这次是以 CSV 格式存储的？

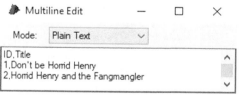

图 8-14　CSV 格式的集合

　在获得 CSV 格式的集合后，逻辑上的下一步是将其存储成一个文件。请自行尝试使用 **Utility-File Management** 对象中的 **Write Text File** 操作。

8.8.2　将 CSV 转换为集合

现在尝试相反的操作。已经成功地把集合转换成 CSV 了，那如何把 CSV 转换回集合呢？请参照以下步骤实现。

（1）打开主页，把另外一个**操作**拖曳在**结束**阶段的上方，配置如下。

- **Name**：Convert CSV back to collection（将 CSV 转换回集合）。

- **Business Object**：Utility-Strings（工具—字符串）。

- **Action**：Get CSV As Collection（获得 CSV 作为集合）。

（2）**输入**标签页中需要以下 3 个信息。

- **CSV**：从 Data Explorer 中拖曳**集合 CSV**。

- **First Row is Header（首行是表头）**：设置值为真，因为想要使用第一行作为集合的表头。

- **Schema（模式）**：留空。如果第一行不是表头，就可以选择传入包含标题名称的其他集合。

（3）在 **Outputs** 选项卡中，指明要在其中存储转换后清单的集合。单击**数据项**按钮以创建一个名为 **Output Collection（输出集合）**的集合。

（4）连接从**开始**到**结束**之间的所有阶段，包括新**操作**阶段在内，如图 8-15 所示。

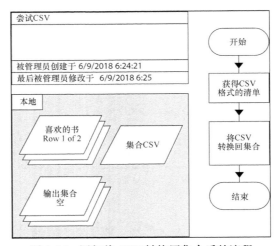

图 8-15　添加将 CSV 转换回集合后的流程

现在执行流程。在完成时，检查 **Output Collection** 的 **Current Values**。可以观察到 CSV 中的每一行都已经成功地转换回集合，如图 8-16 所示。

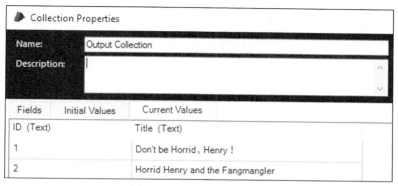

图 8-16　CSV 转换回集合

 通常来说，工作中用到的 CSV 被存储于文件。在 **Utility-File Management** 中有一个名为 **Get CSV Text As Collection（获得 CSV 文本为集合）** 的操作，通过它可以很方便地从 CSV 文件中读取信息并存放在集合中。

8.8.3　用 MS Excel VBO 处理 CSV 文件

Microsoft Excel 也支持 CSV 文件。因此可以用"8.1 从 Microsoft Excel 读取购物清单"的方式处理 CSV 文件，稍微调整一下即可。在每次尝试打开或保存 CSV 时，都可能看到图 8-17 所示的窗口。

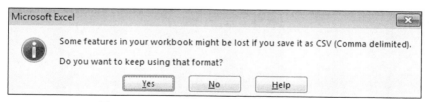

图 8-17　Microsoft Excel 处理 CSV 时的窗口

为了不显示该窗口，只需在处理 CSV 文件时不包括**显示**阶段。这么做的缺点是在机器人运行时，无法在屏幕上看到 Excel 文件。

8.9　小结

本章介绍了 Blue Prism 流程每天必须与之交互的常见应用程序，即 Microsoft Excel。也介绍了如何打开 Excel 文件并将其中的内容读取到集合，以及写入单元格；此外，还介绍了一种称为 CSV 的文件类型，介绍了如何将其作为集合读取及转换回集合。

第 9 章将会继续训练机器人使用 Microsoft Outlook 发送和接收邮件。

第 9 章
发送与接收邮件

读取邮件已经成为人们日常生活中的一部分，很多人每天早上到达办公室后的第一件事就是打开 Outlook 了解外出时发生的事情。因为机器人模仿人的工作方式，所以机器人同样也需要收取邮件。在机器人执行的许多流程中往往有与邮件相关的工作，如下所述。

- 当流程完成后发送状态通知。

- 当出现问题需要人工检查时发送错误信息。

- 接收邮件命令以启动流程。

以上只是其中一些例子。电子邮件在机器人运行的很多其他流程中都扮演着重要角色。

在本章中，可以学习如何配置机器人完成以下工作。

- 发送邮件。

- 设置邮件正文格式。

- 发送附件。

- 接收邮件。

9.1　使用 MS Outlook VBO 管理邮件

Blue Prism 开发了 MS Outlook VBO 用以管理邮件，在 2018 年 8 月随着 Blue Prism 6.3 一起发布。

在使用 MS Outlook VBO 之前，请确认已经安装以下必备组件。

- **Outlook 自动化**：这是一个包含在 Blue Prism 安装文件中的软件组件。如果需要重装此组件，请重新运行 Blue Prism 安装程序。

- **Microsoft Outlook 2016**：可以连接 Exchange、Gmail 或者 Outlook 邮箱。邮件的提供商无关紧要，只需确保能够使用有效的电子邮件地址启动 Outlook 即可。

- **MS Outlook VBO**：使用与导入 MS Excel.vbo 文件相同的办法来将 MS Outlook VBO.xml 文件导入对象设计器中。

在 Blue Prism 早期版本中，安装 Blue Prism MAPIEx VBO 时必须安装一个名为 MAPIEx 的独立工具。如果所用的 Blue Prism 版本比较老旧，要求使用 MAPIEx，那么请参阅 Blue Prism 门户网站上的文档，根据其中的指示完成相应组件的安装与调用。

9.1.1　发送邮件

对邮件执行的常见操作之一是发送邮件。值得庆幸的是，MS Outlook VBO 让这个操作变得非常简单。在目前正在构建的采购流程中，流程的最后一步是在商品被成功添加到购物车时给发起者发送通知邮件。之后发起者就可以登录 Amazon 网站查看商品、结清款项、等待发货。接下来请遵循以下步骤实现机器人发送邮件。

（1）打开**每周杂货采购**流程，编辑 **Send Email Notification（发送通知邮件）**页。

（2）将一个**操作**阶段拖曳在**结束**阶段之前，赋予以下属性值。

- **Name**：Send Email to Requester（给发起者发送邮件）。

- **Business Object**：MS Outlook VBO。

- **Action**：Send Email（发送邮件）。

如果在流程打开的状态下导入 MS Outlook VBO 文件，必须先关闭流程然后再重新打开，这样才能让新导入的业务对象出现在下拉列表中。

（3）观察 **Inputs** 面板。发送邮件操作需要输入，如下所述。

- To：先前已经准备了发起者的邮箱地址，请将 **Email Address（邮箱地址）**数据项拖曳至此。

- CC：填写需要抄送的邮箱地址。此示例，请留空。

- BCC：填写需要密抄的邮箱地址。此示例，请留空。

- Subject（标题）：已将您的商品添加到购物车。

- Message（信息）：将 **Email Message（邮件信息）** 数据项拖曳至此。

- Attachments（附件）：用来添加邮件的附件。此示例，请留空。

（4）先前已经在 Excel 购物清单中指明了发起者的名字，例如 C:\Shopping\ShppingList_henry.xlsx 是 Henry 的购物清单。接下来需要提取发起者的名字，以便明确收件地址。请直接在**开始**阶段的下方添加另一个**操作阶段**。

（5）给此阶段赋予以下属性值。

- **Name**：Get Requester（获取发起者）。

- **Expression**：Replace(Right([购物清单 Excel 文件路径],Len([购物清单 Excel 文件路径])–Instr([购物清单 Excel 文件路径]," _")),".xlsx","")。

- **Store Result In**：Requester（发起者）。

此表达式使用了一个公式来提取下划线（_）与.xlsx 文件扩展名之间的发起者名字。

（6）回到画布，连接流程，如图 9-1 所示。

（7）在发送邮件之前，最好检查一下是否会发送至有权访问的账号，因为不想无意中向完全陌生的人发送测试邮件。单击所有的 **Set Email Address（设置邮箱地址）** 阶段，然后将表达式所指定的电子邮件更改为有权访问的邮箱地址。

从头开始运行流程。在流程运行的时候，把 Outlook 打开了一段时间后就关闭了，机器人就在这段时间内发送电子邮件。流程运行结束后，再次打开 Outlook 并检查"已发送"文件夹以查看实际发送的电子邮件。如果可以访问收件人的电子邮箱，请查看他们的收件箱，收到邮件了吗？

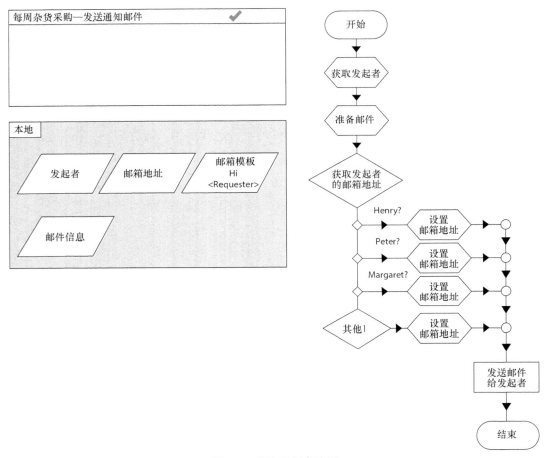

图 9-1 获取发起者流程

9.1.2 设置邮件格式

请再仔细看刚刚发出去的电子邮件。虽然已经设置文本格式为换行，但是 Outlook 会把信息排成一行，如图 9-2 所示。

图 9-2 Outlook 邮件格式

为了正确格式化电子邮件，必须使用 HTML。以下是最初放在邮件模板数据项中的内容。

```
Hi <Requester>
I have completed adding your items to the cart.

Regards
 Robot
```

接下来会使用段落标签（<p></p>）和换行标签（
）来把内容分成几个段落。请用下列 HTML 代码更换存储在邮件模板数据项中的初始值。

```
<html><body>
 <p>Hi < Requester ></p>
<p>I have complted adding your items to the cart.</p>
 <p>regards<br />Robot</p>
</body></html>
```

现在再运行流程。发出邮件的格式变得更规范了，如图 9-3 所示。

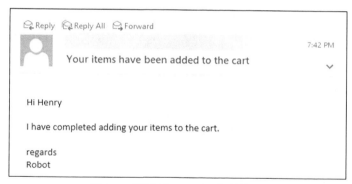

图 9-3　更改后 Outlook 邮件格式

HTML 代码可以做的事情远远不止分段和换行，还可以将字体设置为粗体、斜体、下划线或不同颜色，甚至可以做更复杂的事情，比如插入整张表格。网络上有很多介绍 HTML 基础知识的学习资源，其中的一个网站是 HTML Primer。

9.1.3　发送附件

在**发送邮件**操作中有一个**附件**的输入参数，可以在其中放入要与邮件一同发送的文件列表，两个文件之间用逗号隔开。之前这里留空了，现在来看一下如果把存储订单信息的 Excel 文件作为附件发回去会怎么样？具体步骤如下。

（1）在**发送通知邮件**页，双击**发送邮件**阶段以打开属性窗口。

（2）将**购物清单 Excel 文件路径**数据项拖曳到**附件**字段。关闭窗口然后再次运行流程。这次 Excel 文件作为附件随着邮件一起被发送。

完成修改后，保存后关闭**每周杂货采购**流程。

 可以使用逗号分隔多个附件的路径以便同时发送，比如 C:\File1.docx, C:\File2.pptx。

9.2　接收邮件

下一个常见的机器人对邮件的操作就是接收邮件。电子邮件通常是很多流程的起点，示例如下。

- 修改、处理和归档通过电子邮件收到的报告。

- 要求把通过电子邮件接收的订单信息输入到另一个系统。

这就是 Blue Prism 提供了三种（而不是一种）操作来搜索收件箱中邮件的原因，操作如下。

- Get Received Items (Basic)［**获得已收项目（基础）**］：这是最容易使用的一个，覆盖了最简单的场景，即根据常用搜索条件如发件人名称、发件人邮箱地址、接收日期、主题和内容等条件查找邮件。

- Get Received Items (Advanced)［**获得已收项目（高级）**］：这要求以文本字符串的形式提供搜索筛选条件。在使用此操作之前，需要了解如何构建查询。

- Get Received Items (Expert)［**获得已收项目（专家）**］：这是用起来最复杂的方式，因为需要懂得 DASL，它是一种用于处理 Outlook 搜索过滤器的特殊语法。

 MS Outlook VBO 还提供了搜索已发送文件夹的类似操作。

9.2.1　基础

首先让机器人使用基础方法搜索邮箱中的邮件。以下步骤描述了如何创建一个全新的流程，以了解该操作的工作原理。

（1）在 Blue Prism 设计器中新建一个名为**接收邮件**的流程。

（2）在主页的开始和结束阶段之间添加一个操作阶段，配置如下。

- **Name**：Search for emails（搜索邮件）。

- **Business Object**：MS Outlook Email VBO。

- **Action**：获得已收项目（基础）。

（3）仔细看一下 Inputs 列表，没有一个是必填项。如果输入项全部留空，此操作会尝试获取收件箱中的所有邮件。除非随时清空邮箱，否则很可能要花费一段时间才能获得返回结果。通常来说，寻找邮件时会有一些筛选条件。

在 Basic 模式中可用的选项如下。

- Subfolder（子文件夹）：默认搜索收件箱和全部子文件夹，但是也可以在此输入子文件夹的路径从而将搜索限定于指定的子文件夹中，比如 Inbox\Folder A。

- Sender Name（发件人名称）：如果查找来自某个人的邮件，请在此输入发件人的名称，比如 John Doe。

- Sender Email（发件人邮箱）：为了更精确地搜索邮件，可以选择输入发件人的邮箱地址。这样可以避免重名的情况，比如输入 john.doe@anonymous.com。

- Received Earliest（最早收到）：允许限制搜索接收时间不早于指定日期和时间的所有电子邮件。例如输入 01/01/2018 00:00，将获得 2018 年 1 月 1 日之后收到的邮件。

- Received Latest（最晚收到）：也可以让搜索限制于仅获取不晚于指定日期和时间收到的邮件。比如，如果最晚接收时间设为 31/03/2018 23:59，那么将获得在 2018 年 3 月 31 日 23 时 59 分之前收到的邮件。通常同时使用**最早收到**与**最晚收到**来限定搜索的时间范围。

- Subject（主题）：搜索主题中具有特定文本的电子邮件。请注意，除非使用通配符，否则按主题进行的搜索需要完全匹配。如果希望搜索主题中含有"交易"的所有邮件，那么要输入"*交易*"。

- Message（信息）：与主题筛选类似，不过是在邮件正文中查找文本。

- Include Read（包含已读）：搜索结果包含被标记为已读的邮件。如果留空，那么搜索结果会包含所有已读邮件。

- Include Unread（包含未读）：搜索结果包含被标记为未读的邮件。如果留空，那么搜索结果会包含所有未读邮件。

（4）尝试配置操作来搜索本章中已发送的邮件，使用以下搜索条件。

- Subject（主题）：发出的邮件主题是固定的，因此在此输入"已将您的商品添加到购物车"。

- Received Earliest（最早接收）：只搜索今天收到的邮件，输入 Today()。

 为了限制搜索结果仅为未读邮件，设置 **Include Unread（包含未读）**的标识值为 False。

（5）切换到 **Inputs** 选项卡，有两个**获得已收项目（基础）**操作的返回结果，单击两个输出的数据项按钮创建以下数据项。

- Items（项目）：是一个集合，包含符合搜索条件的邮件列表。

- Item Count（项目数）：说明被找到的结果数量。

（6）关闭已打开的所有窗口。回到画布中，连接流程，如图 9-4 所示。

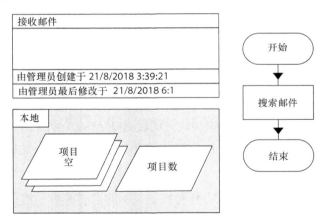

图 9-4　接收邮件流程

运行流程。完成后检查 Items（项目）和 Item Count（项目数）数据项的结果。有没有找到之前发出的邮件？如果打开**项目**然后查看它的**当前值**，就能找到邮件的内容。可以使用循环遍历集合中的所有项，然后获取它们的属性值。

请多次尝试此操作的其他搜索条件来获取收件箱中的邮件，比如搜索五月发送的主题中包含"交易"的所有邮件，或者从最喜爱订阅的邮件中搜索过去一年内发送的邮件。

9.2.2　高级

现在请遵循以下步骤使用**获得已收项目（高级）**操作来执行与上文相同的搜索。

（1）在 **Receive Emails（接收邮件）**流程的主操作页中，双击 **Search for Emails（搜索邮件）**操作，将其中的 **Action** 属性更改为**获得已收项目（高级）**。

（2）请注意，高级的 Inputs 发生了变化，仅需以下两个输入。

● Subfolder（子文件夹）：与基础一致，可以限制搜索指定目录下的邮件。

● Filter Expression（筛选器表达式）：包含一个用于自定义搜索查询语句的文本字符串。

因为要搜索接收日期是今天并且主题为"已将您的商品添加到购物车"的邮件，所以筛选器表达式为：

```
"[subject] = 'Your Items have been added to the cart' And [SentOn]>='"& Today() & "'"
```

运行流程。有没有成功地获取那些符合筛选标准的邮件？

什么时候使用高级模式呢？基础模式能够满足开发过程中遇到的绝大部分情况，然而它也受限于一些固定的搜索条件。如果希望根据邮件的其他属性进行搜索，比如大小或者代发人姓名（SentOnBehalfName），那么就要用到高级模式。

了解编写筛选器表达式的一种简单方法是回到 Outlook。在 Outlook 功能区，单击 **Home|Filter Email**（位于 **Find** 类别中），使用 **Search Tool** 构建所需的查询语句。

9.2.3　专家

最后，下列步骤会展示如何使用**获得已收项目（专家）**执行同一个搜索。

（1）更改**搜索邮件**阶段中的 **Action** 属性值为**获得已收项目（专家）**。

（2）输入列表再次改变，这次需要以下输入项。

● **子文件夹**：与基础和高级的子文件夹的用途一样，限制在特定目录下进行查询。

- **Dasl query（DASL 查询）**：不再使用筛选器表达式，而是需要一个完整的查询字符串。

DASL(DAV Searching and Locating)是 Outlook 搜索筛选器的语法。本搜索示例要用到的 DASL 查询语句如下。

```
"@SQL=(""某网址"" LIKE '%Your Items have been added to the cart%' AND %today(""urn:
schemas:httpmail:datereceived"")%)"
```

这种查询方式看上去比 **Advanced 模式**的更加复杂，然而也更加强大，可以执行通配符匹配、混合和匹配 Outlook 中任何可用的属性，比起其他两种方式能够完成更多复杂的搜索。

获得 DASL 查询语句的诀窍是在 Outlook 中使用 **Filter** 函数。右击 Outlook 功能区栏空白处的任意位置，然后选择 **Customized the Ribbon**，查看 **All Commands** 并选择添加 **Filter**。当添加 **Filter** 按钮后，从功能区单击它打开窗口，请注意前 3 个标签：**Messages**、**More Choices** 和 **Advanced**，它们用于自定义查询。

本搜索示例的筛选器如图 9-5 所示。

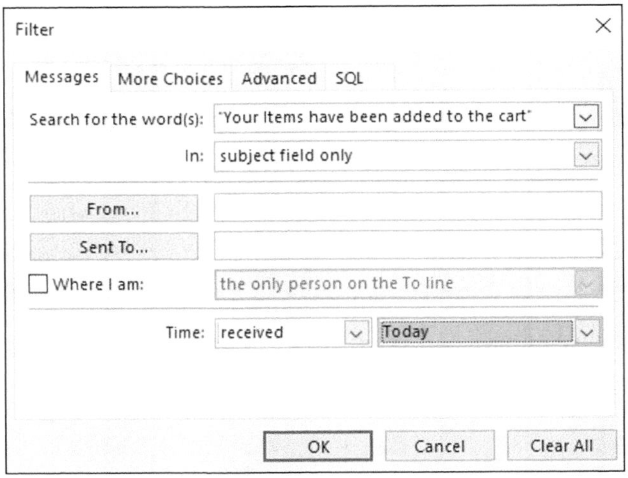

图 9-5　专家模式筛选器

填写完筛选条件后，单击 **SQL** 标签，然后选中 **Edit these criteria directly** 选项并复制查询语句。在使用之前，需要微调一下。例如，如果是如下的查询语句。

"示例网址" LIKE '%my keyword%'.（搜索主题含有 "my keyword" 的所有邮件。）

（1）在查询前加上 "@SQL="，会变成如下语句。

```
@SQL= "某网址" LIKE '%my keyword%'.
```

（2）使用两个双引号转义单双引号，会变成如下语句。

```
@SQL=""某网址"" LIKE '%my keyword%'.
```

（3）使用双引号将整个字符串括起来，会变成如下语句。

```
"@SQL=""某网址""LIKE'%my keyword%'".
```

 网络上还有很多资源可以教您如何从头构建 DASL 查询。

9.3 小结

MS Outlook VBO 是一个全新的对象，可供 Blue Prism 6.3 开发人员使用，与早期版本相比，它大大简化了收发电子邮件的工作流程。在本章中，成功地让机器人在商品被添加到购物车后向发起者发送电子邮件，这意味着完成了采购流程的构建；还介绍了接收邮件的不同选项，当看到搜索邮件完成后，电子邮件属性、消息正文和附件信息都存储在一个集合中，可以通过循环检索到该集合。

第 10 章将介绍一个对于 Blue Prism 编程来说非常核心的主题：控制室与工作队列。

第 10 章
控制室与工作队列

把机器人流程部署为劳动力的最大驱动力之一是消除或至少最小化对人工干预的需求。截至目前，每次运行流程时，都必须单击 **Play** 按钮——这个动作仍然需要人工。为了使流程完全自动化，应该使用调度程序使机器人自己运行流程。在 Blue Prism 中，这些操作都发生在控制室（Control Room）中。本章将介绍以下内容。

● 了解控制室。

● 了解如何使用控制室让机器人自己运行流程。

控制室也用于管理工作队列（Work Queue）。工作队列中有一个项目列表和一组正在处理这些项目的机器人；这样机器人就可以像人类一样作为一个团队一起工作。

主要学习内容如下。

● 新建工作队列。

● 向队列中添加项目。

● 读取队列。

● 在机器人运行结束后，将每个项目标记为完成（或未完成）。

● 过滤工作队列中的项目。

10.1 控制室

之前一直通过单击**运行**按钮运行流程，这很好地向我们展示了流程如何在每个阶段之间穿梭。但是这种方式存在一个问题：仍然需要有人单击按钮。在生产模式下，流程将由无人值守的机器人运行。因此，控制室投入使用。请单击 Blue Prism 设计器的主界面上的 Control 菜单，加载后的控制室如图 10-1 所示，其默认主界面是 **Session Management（会话管理）**。

（1）在界面左侧罗列了控制室中所有可用的子菜单，后续将介绍主要选项。

（2）由于是会话管理界面，因此在右侧可以看到可用的流程清单。此时，清单为空。

（3）还能看到在 Blue Prism 服务器上注册的所有可用资源（作为机器人的计算机）列表。

（4）此外，界面底部是罗列了所有已运行流程与所用资源的列表。稍后将了解如何使用这部分来启动和终止流程。

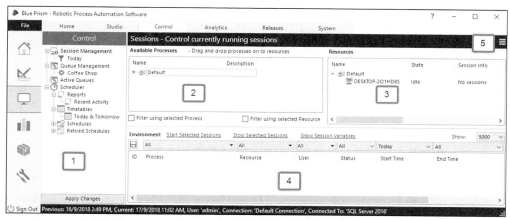

图 10-1　控制室主界面——会话管理

控制室是流程控制者完成他们大部分工作的地方。它允许流程控制者在没有直接接触屏幕的情况下控制机器人。为了理解其中的含义，一起运行流程并从控制室中查看机器人的工作情况吧。

> 流程控制者是管理流程和运行的机器人的人员。他们通常不构建流程（由开发人员构建），而是负责调度、监控流程的运行状况（流程是否已成功完成或终止）以及每个机器人的工作负荷；他们也是可以手动触发流程临时运行的人。出于安全考虑，大部分企业需要将创建/设计流程背后逻辑的人和实际运行流程的人分离。这样，即使开发人员在流程中加入恶意操作，他们也不能自行运行，需要让流程控制者参与进来才行。Blue Prism 通过控制室实现了这种分离。

10.1.1　在控制室中发布流程

在从控制室中运行流程之前，需要将它发布。请按照以下步骤发布**每周杂货采购**流程。

（1）打开**每周杂货采购**流程进行编辑。在主页上，双击 **Page Information** 框。

（2）在窗口底部，勾选 **Publish this Process to Control Room**（**将此流程发布到控制室**）框。

（3）关闭窗口并保存流程。

返回设计器，单击 **Control** 标签。所有已发布的流程都罗列在 **Available Processes** 面板中，包括刚刚发布的流程。

10.1.2　在控制室中手动运行流程

请查看 **Resources** 面板，这里罗列了所有运行时资源（也称为机器人）。如果流程控制者是在实验室环境下工作，那么可能只会看到一台计算机——当前正在使用的这台。

如果列表中没有资源并且正在使用的计算机也没有出现在列表中，该怎么办？

有一种设置可以将本地计算机在是否充当运行时资源之间切换。在 Blue Prism 设计器中，单击 **System** 菜单，然后在 **System** 面板的右侧，选择 **System|Settings**；在 **Settings** 页面中，勾选 **Start a personal Runtime Resource on this machine when users sign in to Blue Prism**（当用户登录 Blue Prism 时，在此机器上启动个人运行时资源）框。

本章不会从头开始介绍如何设置运行时资源。向资源列表中添加新机器人的详细步骤可以在 Blue Prism 门户网站上找到相关内容。

通过以下步骤查看如何从控制室中运行流程。

（1）将**每周杂货采购**流程从 **Available** 列表中拖曳在要运行该流程的运行时资源的顶部。

（2）请查看面板下方。流程显示为橙色，状态为 **Pending**（**挂起**），这意味着它正在等待运行。右击该橙色行上的任意位置，然后选择 **Start**。

流程开始自行运行。请注意，状态栏显示为 **Running**，并且该行的颜色变为绿色。

当机器人与应用程序交互时，应该会看到在流程中调用的应用程序（Excel、Internet Explorer 和 Outlook）打开和关闭。请从头到尾观看机器人运行完全部流程。下文列出了两种可能会反映在状态栏中的结果。

- **Completed（已完成）**：行的颜色为黑色。流程已经成功地完成了。

- **Terminated（终止）**：行的颜色为红色。机器人在运行流程时发生了异常。

即使流程终止了，也别担心。本书将在第 11 章介绍如何排除问题和处理异常。

 当流程正在运行时，不要用手触摸鼠标和键盘。机器人会移动鼠标并按按键。如果干扰它的操作，流程可能会因错误而中断。

10.1.3　流程调度

看到 Blue Prism 从控制室中运行流程令人兴奋不已，但这只是使用拖曳流程的动作代替单击 **Run** 按钮的动作而已。为了使流程真正地自动化执行，将使用调度程序（Scheduler）。请遵循以下步骤使用调度程序来安排流程自行运行。

（1）请查看 **Control** 选项卡面板的右侧，右击 **Schedule（日程）**，然后选择 **New Schedule**。

（2）给日程取一个有意义的名称吧，例如，**一次性运行—每周杂货采购**。可以给日程起任何你觉得合适的名字。把计划的运行日期和流程名称包含在日程的名称内，这样就可以很容易地确定要运行的流程以及何时执行。

（3）在 **Schedule** 部分，可以选择运行的频率以及希望流程开始的日期和时间。如果选择 2min 后执行一次性运行，请按如下方式配置日程。

- **Runs（运行）**：一次。

- **Starts On（开始时间）**：选择今天的日期和 2min 后的时间。

（4）与新日程一起被创建的还有一个空任务，它以子项目的形式出现，旁边有一个小蓝点。单击空任务并命名为**每周杂货采购**，从 **Available Processes** 列表中将该流程拖曳至右侧要使用的资源上。

（5）单击 **Apply Changes** 按钮以保存日程。

现在已经完成相关配置了。离开计算机几分钟，流程是否按计划开始了？当流程完成后，单击 **Session Management** 查看其状态。

为什么我的流程没有按计划运行

如果把 Blue Prism 作为实验室运行，那么日程不会被触发。为了使日程有效，需要在应用程序服务器上配置并启动 Blue Prism 服务。

此外，Blue Prism 机器人一次只能运行一个任务。如果在机器人忙于其他任务时运行流程，则该流程不会运行。

10.2　工作队列的定义

之前已经了解过如何在控制室中将流程分配给指定的资源运行。如果流程要处理的待办事项清单很长，以至于机器人要花费非常多的时间来完成所有的内容，这时该怎么办呢？有一种方法是使用工作队列把工作任务分割给多个机器人。

想象一下，早上去喜欢的咖啡店点一杯咖啡的情景。当走进商店时，看到排着长队的一群人在收银台等着点单。庆幸的是有两个咖啡师在营业，队列的移动速度是原来的两倍。与此类似，可以添加更多的机器人处理同一个流程以加快速度。

这样，机器人就可以作为一个团队共同工作。通过重构上述咖啡厅场景，一起来看看 Blue Prism 的工作队列是什么样子。

10.2.1　创建工作队列

在 Blue Prism 设计器的 **System** 选项卡中定义工作队列。请参照下列步骤以了解如何创建新的工作队列。

（1）单击 Blue Prism 设计器的 **System** 菜单，然后从左侧面板中选择 **Workflow|Work Queues**。

（2）面板右侧显示 **Queue Details**，配置如下。

- **Name**：Coffee Shop（咖啡店）。
- **Key Name**：ID。

（3）完成后，单击 **Apply** 按钮。现在就可以使用队列了。

10.2.2　向队列中添加项目

已经创建了一个队列，但是其中还没有任何项目。有一长排口干舌燥的人在等着喝咖啡呢，请遵循下列步骤来创建流程模拟接收订单的咖啡师，以把他们的订单放入队列中。

（1）单击 **Studio** 选项卡，新建名为咖啡师的流程。

（2）向页面中添加一个 **Collection**，命名为**订单**，在其中添加以下字段。

- ID（数字）。

- 已购项目（文本）。

- 特殊要求（文本）。

（3）在 **Initial Values** 选项卡中，向集合中添加数据项。用喜欢的饮品填充集合吧，示例如表 10-1 所示。

表 10-1　　　　　　　　　　　　　饮品示例

ID	已购项目	特殊要求
1	焦糖玛奇朵星冰乐	
2	馥芮白	少糖
3	英式早餐茶	少糖、加柠檬

（4）将一个**操作阶段**拖曳到**开始**的下方，属性配置如下。

- **Name**：Add Orders to Queue（向队列添加订单）。

- **Business Object**：Work Queue（工作队列）。

- **Action**：Add To Queue（添加至队列）。

（5）"添加至队列"操作需要一些输入参数，填写如下。

- **Queue Name**：Coffee Shop （咖啡店）。

- **Data**：Drag and drop the Orders collection that we just created（把刚才创建的订单集合拖曳至此）。

- **Status**：Pending（待定）。

完成后的流程如图 10-2 所示。

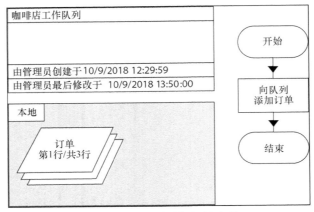

图 10-2　向队列添加订单流程

（6）运行流程。流程结束后，前往控制室。选择 **Queue Management | Coffee Shop**，可以看到已购项目已被添加至队列，如图 10-3 所示。

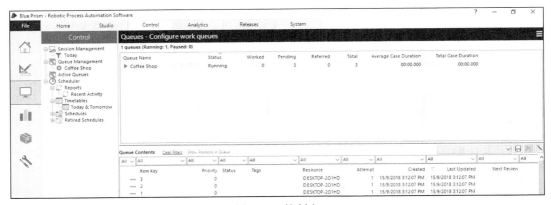

图 10-3　控制室

此时无法查看工作项的详细信息，只能看到存储着 ID 的 **Item Key**（**项键**）。因此无法分辨哪一项是咖啡，哪一项是茶。详细信息被存储在工作项中，稍后将看到机器人在队列中工作时如何检索到它。此外，所有项目的状态都是 **Pending**（**待定**），因为我们将"待定"设置为此队列中所有新添加项目的默认状态。

10.2.3　获取队列的下一项

既然队列中存在订单，那么现在就去处理它们。请遵循以下步骤，创建一个流程来模拟咖啡师制作和供应饮品的过程。

（1）创建新流程并命名为"咖啡"。

（2）将一个**操作**阶段拖曳到**开始**的下方，配置如下。

- **Name**：获取下一个订单。

- **Business Object**：工作队列。

- **Action**：获取下一项。

（3）在 **Inputs** 面板中，填写要从中获取订单的队列。

- **Queue Name**："咖啡店"。

（4）**Get Next Item** 操作生成了一些输出值。单击 **Outputs** 标签，然后单击所有输出值的数据项按钮以生成如下项。

- **项目 ID**：正在处理的项目的 ID。

- **Data**：一个包含项目全部详细信息的集合。

- **Status**：告知项目的状态以及项目是否正在等待被处理、已完成或者出现异常。

- **Attempts**：对项目的尝试次数。

（5）将所有阶段连接起来，如图 10-4 所示。

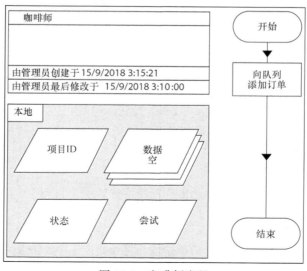

图 10-4 咖啡师流程

运行流程。在流程获得下一个订单后请查看以下输出值。

- **项目 ID** 包含一个被称为**全局唯一标识符（ Globally Unique Identifier, GUID ）**的长文本字符串。Blue Prism 使用它来唯一地标识工作队列中的每一个项目。

- **数据**包含上传到队列的详细信息。**ID**、**项目名称**和**特殊要求**都存储在这里。稍后会用它来处理饮品订单。

- **状态**显示为**待定**（ 请记住这是为所有新订单输入的默认值 ），这意味着尚未处理此项。

- **尝试**显示为 0，因为这是第一次处理此项。

回到控制室，查看**咖啡店**工作队列。可以注意到被检索到的项目在**项键**列的旁边有一个锁定图标（ 见图 10-5 ）。这意味着获得项目的机器人已经将其锁定了。这样的话，如果有多个机器人在同一队列中工作，它们就不会选择同一个项目进行处理。

图 10-5　队列内容

10.2.4　检查队列是否有其他项目

当流程运行到**结束**阶段后，请注意，它只获得了一个饮品订单。但是共有 3 份饮品订单，剩下的 2 份怎么办？诀窍是再次调用**获取下一项**操作。此操作将继续获取队列中的项目，直至队列末尾。这时，**项目 ID** 会包含空字符串。请参照以下步骤将该逻辑放入流程图中。

（1）现在想要通过检查**项目 ID** 来检查队列中是否还有其他订单等待处理。把一个**决策阶段**拖曳在**获取下一个订单**的下方，并配置如下。

- **Name**：More Items in the Queue（队列还有其他项目吗）？

- **Expression**：[Item ID]< > ""。

（2）把**是**路径连接回**获取下一个订单**阶段，将**否**路径连接到**结束**阶段，如图 10-6 所示。

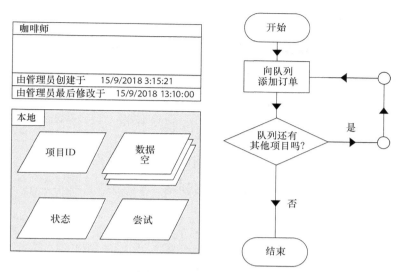

图 10-6   添加决策阶段

使用 F10 单步执行流程。可以注意到每当流程获取下一个订单时，**项目 ID** 都会随之更改。打开**数据**以检查订单的详细信息。当机器人完成获取所有订单时，**项目 ID** 变为空并且流程结束。

回到控制室，查看工作队列中的项目。锁不见了，在它原本的位置出现了旗帜（见图 10-7）。此标志表示项目遇到了问题，需要人为干预。异常消息显示在 **Tags** 列中，内容为 **Automatically set exception at Cleanup（清理时自动设置异常）**。究竟怎么了？这是因为获取了项目但却不对它进行任何处理属于异常。我们需要处理项目并将其标记为已完成。

▶	3	0	Exception: Automatically set exception at CleanUp
▶	2	0	Exception: Automatically set exception at CleanUp
▶	1	0	Exception: Automatically set exception at CleanUp

图 10-7   异常消息

10.2.5   标记项目为已完成

对于被认为是正确处理的项目，应该在转到下一个项目之前将其标记为已完成。请按照以下步骤再次修改流程。

（1）在**咖啡师**流程的主页，将一个**注释**阶段拖曳在**获取下一个订单**阶段的下方。注释阶段会模拟真实流程：咖啡师制作饮品并供应给客人。请将注释文本设为"制作并供应饮品"。

（2）接下来，将一个**操作**阶段拖曳到**注释**阶段的下方，配置如下。

● **Name**：Mark as complete（标记为完成）。

● **Business Object**：Work Queues（工作队列）。

● **Action**：Mark Completed（标记已完成）。

（3）在 **Inputs** 面板，将**项目 ID** 数据项拖曳到**项目 ID** 栏中。

（4）保存流程。完成后的流程如图 10-8 所示。

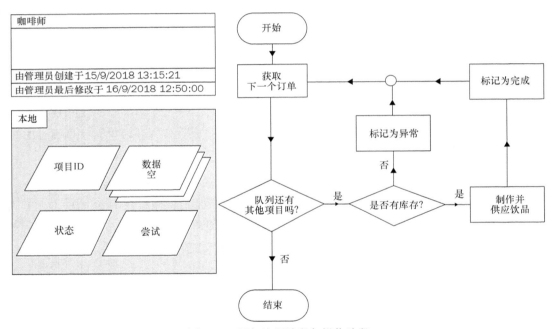

图 10-8　添加注释阶段与操作阶段

（5）再次运行咖啡店工作队列进程来将项目重新加载到队列中。返回控制室，检查新项目是否已被添加到队列中。

现在重新运行咖啡师流程并观察。这一次项目被标记为"√"，如图 10-9 所示。这表示它们已被成功处理，无须进一步操作。

图 10-9　队列内容

10.2.6　更新状态

当工作队列中的项目被标记为已完成时，是否有注意到它们的状态有些奇怪？人们可能认为系统应该自动地将项目的状态更改为已完成，但显然不是，它们仍然显示为 Pending；原因是必须使用 Update Status 操作自行更新状态。请按照以下步骤更新订单状态。

（1）在**咖啡师**流程的主页中，删除注释阶段 **Make and serve the drink（制作并供应饮品）**，之前把它当作桩代码来代表饮品的制作和供应过程。现在用另外两个**操作阶段**来替换它，这两个操作阶段分别将项目的状态更新为 **Make Drink（制作饮品）**和 **Serve Drink（供应饮品）**。请添加操作阶段并使用表 10-2 所提供的详细信息进行配置。

表 10-2　　　　　　　　　　　　　操作阶段配置详细信息

	操作阶段 1	操作阶段 2
名称	制作饮品	供应饮品
业务对象	工作队列	
操作状态	更新状态	
状态	制作饮品	供应饮品
项目 ID	从数据浏览器中将项目 ID 数据项拖放至此	

（2）在 **Mark as complete（标记为完成）**阶段的下方拖曳一个**操作阶段**，配置如下。

- **Name**：Set status to Completed（将状态设置为已完成）。

- **Business Object**：Work Queues（工作队列）。

- **Action**：Update Status（更新状态）。

（3）在 **Inputs** 面板中，设置如下属性值。

- **Status**：Completed（已完成）。

- **Item ID**：从 **Data Explorer** 中将 **Item ID** 数据项拖曳至此。

（4）将所有阶段连接后，如图 10-10 所示。

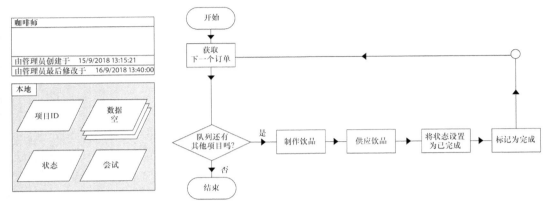

图 10-10 添加"将状态设置为已完成"阶段

通过运行**咖啡师**流程重新加载队列，然后再运行一次**咖啡师**流程。可以观察到，这一次，所有项目都已完成，状态列也更新为 **Completed**。

10.2.7 标记项目为异常

不是队列中的所有项目都能被正确处理。即使真的在咖啡店，也会有不能提供饮品给顾客的情况。原因可能是已知的，也可能是未知的。常见的原因包括原料耗尽、订单丢失等。在现实世界中，有些订单是无法完成的。一起来模拟一下商店里茶包用完的情况。每当顾客点茶时，订单都会被标记为异常并且备注 Item is out of stock（**商品缺货**）。

以下步骤说明了如何执行此操作。

（1）在**咖啡师**流程中，将一个**决策**阶段拖曳到 **More Items in the Queue?**（**队列还有其他项目吗？**）阶段下方的**是**路径上，配置如下。

- **Name**：Do we have the item（是否有库存）？
- **Expression**：Instr([Data. Item Name],"Tea")=0。

只要订单是茶，就认为已经断货了。当然了，在实际应用时会连接到一个线上库存系统，以检查某个特定商品是否还有库存。以练习为目的，将检查这一步硬编码即可。

（2）将一个**操作**阶段拖曳到 **Do we have the item?**（**是否有库存？**）阶段的**否**路径上，

配置属性值如下。

- **Name**：Mark as Exception（标记为异常）。

- **Business Object**：Work Queues（工作队列）。

- **Action**：Mark Exception（标记异常）。

（3）在 **Inputs** 选项卡上，填充如下。

- **Item ID**：Drag and drop the Item ID data item（将项目 ID 数据项拖曳至此）。

- **Exception Reason**：Item is out of stock（商品缺货）。

（4）连接所有阶段，如图 10-11 所示。

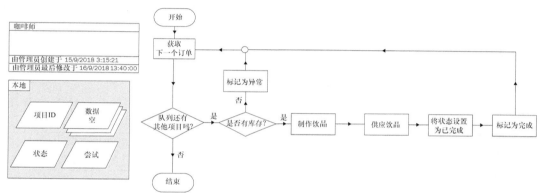

图 10-11　添加"是否有库存？"与"标记为异常"阶段

重新运行**咖啡师**流程以将新订单重新加载到队列中。最后，再次运行**咖啡师**流程。除茶饮订单外，其他所有的订单都成功完成了吗？请查看茶饮订单的 **Tags** 列，应该会显示**异常：商品缺货**。

10.2.8　标记项目

除记录异常消息之外，**标记**列还可用于给工作队列的项目贴标签。一起回到咖啡店的示例中。假设想要记录特殊要求，以便分析人们对饮品的偏好。为此，需要在接受订单时贴上标签。一起观察以下步骤来更新流程，以标记所有特殊要求。

（1）在**咖啡师**流程中，在**是否有库存？**阶段的**是**路径上添加一个**决策**阶段，配置如下。

- **Name**：Is there a special request（是否有特殊要求）？

- **Expression**：[Data. Special Request]<> " "。

此处检查 Special Request 列是否包含信息。

（2）如果有特殊要求的话，就要标记工作项。将一个**操作阶段**拖曳至 **Is there a special request？（是否有特殊要求？）**阶段的**是**路径上，配置属性如下。

- **Name**：Record Special Requests（记录特殊要求）。

- **Business Object**：Work Queues（工作队列）。

- **Action**：Tag Item（标记项目）。

（3）将 **Inputs** 面板填充如下。

- **Item ID**：Drag the Item ID data item from Data Explorer（从数据浏览器将项目 ID 拖曳至此）。

- **Tag（标记）**：[Data. Special Request]。

我们只想将特殊要求列中的内容记录到 **Tags** 列中。

（4）连接所有阶段，如图 10-12 所示。

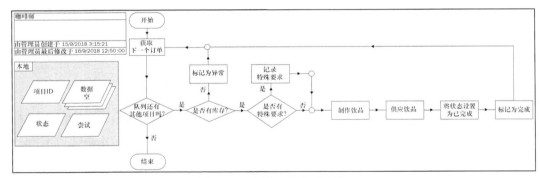

图 10-12　添加"标记项目"

最后，通过运行**咖啡师**流程重新加载订单队列。然后，再次运行**咖啡师**流程。完成后，请查看 **Tags** 列。现在已经把具有特殊要求的项目信息记录到 **Tags** 列中了（见图 10-13）。

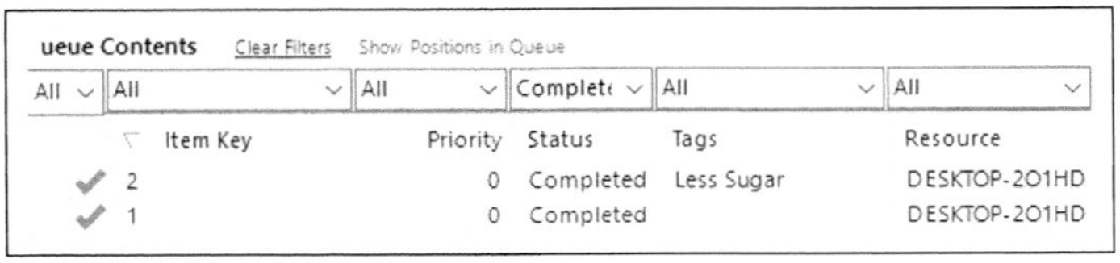

图 10-13　队列内容

10.2.9　过滤项目

标记项目的背后理念是可以快速查询到共享同一个标记的项目。通过在筛选框中输入要查找的关键字从而使用控制室筛选项目。请遵循以下步骤来尝试一下。

（1）回到控制室，单击 **Queue Management | Coffee Shop**。

（2）单击 **Tags** 列上方的筛选器，注意到可以在框内输入任意文本。

（3）输入 "Less Sugar"，过滤器会自动仅显示含有少糖标记的工作项。

关键字还可以用于多条件筛选，通过说明包含、排除或多标记实现。

- 包含标记（Inclusion tag）：仅查找具有特定标记的项目。通过在关键字之前添加加号来指明包含标记。例如，"+ Less Sugar" 将返回所有特殊要求为少糖的项目。默认情况下，在筛选器中输入的所有标记都是包含标记。因此，输入 "Less Sugar"（不含加号）的效果等同于输入 "+ Less Sugar"。

- 排除标记（Exclusion tag）：排除包含特定标记的项目。通过在关键字之前添加减号来指明排除标记。例如，"–Less Sugar" 将返回所有特殊要求中不含少糖的项目。

- 多标记（Multiple tag）：使用分号分隔多个标记。例如，如果要查找同时包含少糖和多牛奶的工作项，请输入 "–Less Sugar;More Milk" 作为筛选标准。使用多标记将能一直获得包含所有标记的工作项（也被称为 AND 条件），还可以与排除标记混合一起使用。"+ More Milk,–Less Sugar" 会返回特殊要求中含有多牛奶但不含少糖的项目。

 也可以在流程内使用筛选器表达式。在**获取下一项**操作的**标记筛选器**属性中输入要查找的标记。这样就可以指示机器人只处理队列中的特定项。

10.3　小结

本章介绍了控制室以及如何使用它在无人值守的模式下运行流程；并且安排了机器人在特定的日期和时间自动运行，而无须人工触发；还通过创建自己的咖啡店流程来研究工作队列，以便将订单添加到队列中，将每个订单标记为已完成或异常以及在饮品经过订单系统时更新状态。

第 11 章将介绍如何处理异常。

第 11 章
异常处理

在理想世界中，机器人每天都能完美地运行。然而这是一个真实世界，并且有时机器人会遇到它们不熟悉的情况。发生这些情况时，机器人就会终止流程并且显示错误信息，这被称为异常。那么当发生异常时，应该如何应对呢？

本章会介绍异常处理的基本知识，包含下列内容。

● 从容捕获异常。

● 使用异常例程处理错误。

● 查看日志以确定所终止的阶段。

11.1 可预见与不可预见异常

到目前为止，我们一直以积极乐观的思维在编辑流程。比如在**每周杂货采购**流程中，让机器人在读取购物清单后到 Amazon 网站上查找商品，然后将其添加到购物车。当运行**每周杂货采购**流程（如上所述）时，是否遇到过异常？

异常可能是可预见的或者不可预见的。有时候人们能够预见到机器人可能会遇到的异常种类。可预见异常的一些示例如下。

● **Add to Cart** 按钮不可用。Amazon 可能不能将商品运送到购买者所在的国家，或者商品缺货，又或者恰好机器人不了解某商品的采购方案（比如，某商品两个起售）。

● 无法搜索到商品。

● 无法找到购物清单 Excel 文件。

在构建流程之前，建议仔细检查每一步，看一看是否能预见机器人会遇到的各种异常并为之提前做好准备。预见机器人可能面临的问题越多，当它被部署到生产环境时，流程就会越稳定。

不可避免的是，无论在流程异常上投入多少精力，总会有一些意想不到的异常。这些异常通常属于"我们不知之未知"，部分示例如下。

- 设置了 5s 等待 Amazon 网站加载。网络状况可能不好，导致网站需要比平常更多的时间才能完全加载。

- Amazon 决定大改造其用户界面。**Search** 和 **Add to Cart** 按钮的属性值可能被改变，造成机器人无法识别。

有人可能会觉得，既然能够清楚地说明不可预见的异常是什么，那么它们就是可预见的。但是事实是，当这些情况发生时，我们无能为力。比如说，如果要增加 Amazon 网站的预期加载时间，那么到底增加多少才是合适的？增加到 10s 吗？如果还不够呢？因此，机器人通常无法处理此类异常。

11.2　抛出异常

每当想要在流程运行异常时通知机器人，就使用**异常**阶段。例如，之前在构建 **Amazon—搜索**业务对象时，添加了几个等待阶段，以便在与某个页面元素交互之前先等待它出现。如果出现问题，比如商品页面没有加载成功，那么就抛出异常，如图 11-1 所示。

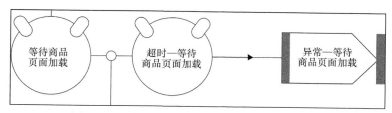

图 11-1　添加"异常—等待商品页面加载"阶段

在抛出异常时，可以添加有关异常的详细信息，如下所示。

- **异常类型**有助于对异常进行分类。可以从预定义的下拉列表框中选择，也可以自定义类型。如果选择添加新类型，随后也会将它添加到下拉列表框中。

- **异常明细**提供了可以输入整个异常描述文本的地方。在本示例中，使用它来说明商品页面无法在指定时间内完成加载。

- **保存当前异常类型和明细**可以保存内部异常信息的类型与明细。

- **保存屏幕截图**将在异常发生时截取屏幕快照并将其存储于日志。这对于日后故障排除非常有帮助，特别是当机器人在无人值守模式下运行时。

11.3　处理异常

抛出异常可以很好地在事情发展不顺利的时候提醒机器人。那么机器人应该如何应对呢？在设计器中运行流程时，如果遇到异常，流程就会终止并弹出窗口。窗口的内容包含异常类型和明细，如图 11-2 所示。

仅需单击 **OK** 按钮即可关闭窗口，但是流程也终止了。为了使机器人重新工作，必须重新运行流程。

一个更好的方法是看看机器人能否处理错误并继续运行流程的余下部分。比如说，如果商品页面没有加载，机器人可以执行以下操作。

- 重试之前等待几秒。

- 放弃前重试到一定次数。

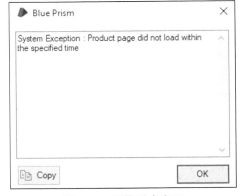

图 11-2　系统异常窗口

- 把异常信息记录在某处（如异常日志），然后向某个人发送邮件告知他发生异常。

11.3.1　恢复阶段

Recover（恢复）阶段由五边形▱表示。当异常被抛出时，流程会首先尝试跳转到同一块内的第一个恢复阶段；如果找不到恢复阶段，则会在同一子页上寻找恢复块；如果还是没有找到恢复块，就会到主页上寻找恢复阶段。至此，如果连一个恢复阶段都找不到，那么流程终止。从子页到主页上寻找恢复阶段的过程称为冒泡（Bubbling）。

一旦进入恢复阶段，流程就进入了异常模式（Exception Mode）。此时将执行几个步骤来尝试处理异常。

11.3.2　继续阶段

一旦异常得到妥善处理，人们就会希望继续主流程的余下部分。为此，需要添加

Resume（继续）阶段（▱）。继续阶段会使异常无效，然后流程回到无异常模式（Non-exception Mode）。

11.3.3 使用恢复和继续阶段妥善处理异常

通过使用恢复和继续阶段，一起编程机器人来记录异常信息吧！

（1）在 Blue Prism 设计器中，打开 **Amazon—搜索**业务对象进行编辑。请打开**加入购物车**操作。

（2）将一个**恢复**阶段拖曳到**结束**阶段附近的位置，并将其从"恢复 1"重命名为"恢复"。

（3）将一个**运算**阶段拖曳到**恢复**阶段的下方，配置如下。

- **Name**：Set Success to False（将成功设为 False）。
- **Expression**：False。
- **Store Result in**：Success。
- 将一个**继续**阶段拖曳到**将成功设为 False** 阶段的下方。
- 把它从"继续 1"重命名为"继续"。

（4）最后，连接所有阶段，如图 11-3 所示。

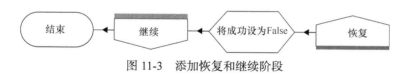

图 11-3　添加恢复和继续阶段

现在再次运行流程。这次，如果在**加入购物车**操作时抛出了异常，可以注意到流程跳转至**恢复**阶段，它会在流程继续处理清单中的后续商品之前把 **Success** 标识成 False。

11.3.4 使用块将共享通用异常处理例程的阶段分组

上文展示了一个恢复和继续阶段的简单用例。请查看**每周杂货采购**流程的其他部分。哪些部分容易中断并导致流程意外终止？

也许大家会留意到大多数异常发生在搜索和添加商品到购物车操作中，尤其是在循环处理商品的时候，比如说，Amazon 网站加载失败或者搜索结果为零？流程依然会抛出异常信息然后终止。这很让人崩溃。比如说，如果有 10 个商品要购买，在购买第 4 个商品时发生了异常，然后流程终止了，那么余下的 6 个商品就不会再被添加到购物车了。理想的情况是让机器人继续处理第 5 个商品。为此，需要妥善地处理异常：在记录下异常详情后继续下一个商品。

为此，投入使用块。之前用块来组织数据项，使用它们在范围相同的数据项的周围绘制一个框；这样做纯粹是出于整理目的，便于查找数据项并提高流程图的可读性。块还有另一个重要的用途：对共享通用异常处理例程的阶段进行分组。

一起看看如何使用块来处理在购买商品的循环中出现的异常。

（1）在 Blue Prism 设计器中，打开**每周杂货采购**流程。打开**搜索商品并加入购物车**页进行编辑。

（2）向该页添加一个新的文本数据项，命名为"错误信息"。之后将使用它来存储在将商品添加到购物车时发生的所有异常明细。

（3）绘制一个覆盖**启动 Amazon**、**搜索**、**加入购物车**和**关闭 Amazon** 阶段的块（见图 11-4），将其命名为**处理商品**。这意味着只处理这些阶段中发生的异常。

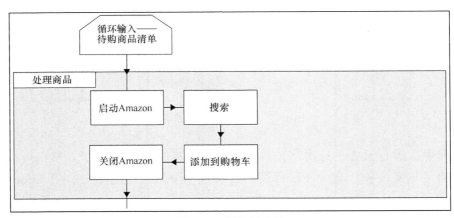

图 11-4　异常处理块

（4）将一个**恢复**阶段拖曳到流程图上，将其从**恢复 1** 重命名为**恢复**。

（5）将一个**运算**阶段拖曳到**恢复**阶段的下方，将其命名为**设置成功=False**，配置如下。

- **Name**：Set Success=False（设置成功=False）。

- **Expression**：False。

- **Store Result in**：Success。

（6）接下来，再添加一个**运算**阶段，配置如下。该阶段会将异常明细记录到**错误信息**数据项中。

- **Name**：Record ExceptionDetails（记录异常明细）。

- **Expression**：ExceptionDetail()。

- **Store Result in**：ExceptionMessage（异常信息）。

（7）在任何无法将商品添加到购物车的时候，都会把完整的异常信息添加到状态中。双击 Status=Failed（**状态=失败**）运算阶段，然后将表达式更改为"Failed to add item to cart. Details:" & [ErrorMessage]。

（8）将一个**继续**阶段拖曳到**记录异常明细**阶段的下方。

（9）最后，连接所有阶段，如图 11-5 所示。请注意，已经把**继续**阶段连接到记录商品状态之前的某一点上。这意味着，一旦在处理商品时发生异常，流程就能够在跳转至下一个商品之前将异常信息记录下来。

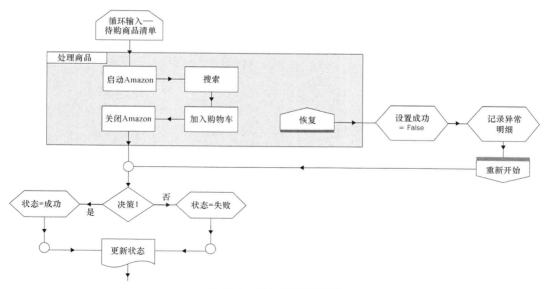

图 11-5　添加异常处理后

11.3.5 处理未预见的异常

虽然投入了很多精力来预测、捕获并处理所有能想到的异常，但是流程总会有遇到未预见的异常的可能性，然后意外终止。当意外异常发生时，一般做法是让机器人通知流程负责人它无法继续、停止的确切步骤以及停止时间。

主页是捕获所有未预见异常的最佳位置。还记得异常处理从业务对象"冒泡"到子页，最后再到主页吗？异常发生在流程中的位置无关紧要，因为最终都会在主页上被异常处理机制捕获。

一起在**每周杂货采购**流程的主页上添加阶段，以处理在子页中未被特别处理的错误。当异常发生时，机器人会发送邮件给管理员，通知他们异常明细。

（1）打开**每周杂货采购**流程的主页进行编辑。

（2）绘制一个块覆盖**开始**阶段和**结束**阶段之间的其他阶段，如图 11-6 所示。为了清晰起见，将块标记为**主块**。

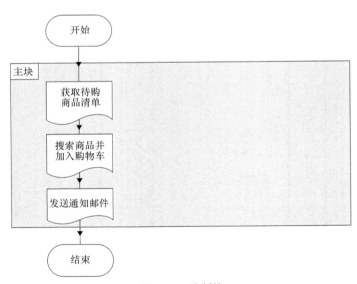

图 11-6 绘制块

（3）将一个**恢复**阶段拖曳在此**块**中，将其从**恢复 1** 重命名为**恢复**。

（4）将一个**操作**阶段拖曳在**恢复**阶段的下方并确保它在**块**的外面；将使用 **MS**

Outlook Email VBO 对象发送邮件给管理员，配置如下。

- **Name**：Email Alert（邮件警报）。

- **Business object**：MS Outlook Email VBO。

- **Action**：Send Email（发送邮件）。

在其 **Inputs** 面板中，设置如下属性值。

- **To（收件人）**：admin@somewhere.com（请替换成对应的收件人地址）。

- **Subject（主题）**："【异常】每周杂货采购"。

- **Message（信息）**：ExceptionStage() &":" & ExceptionDetail()。

（5）将一个**继续**阶段拖曳到 Email Alert（邮件警报）阶段的下方，把**继续 1** 重命名为**继续**。

（6）连接所有阶段，如图 11-7 所示。

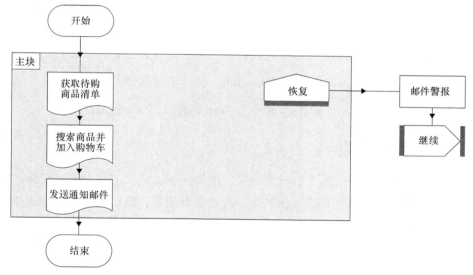

图 11-7　添加用于异常处理的阶段

至此，已经完成了向流程中添加异常处理机制。保存并关闭流程。

11.4　在控制室中调试和解决问题

到目前为止，一直是通过单击 **Play** 按钮来运行流程，人们可以在屏幕上看到机器人的运行情况，设计器也会高亮显示正在执行的阶段。如果有任何问题，只需暂停流程并调查出现异常的阶段即可。然而，当流程被部署到生产机器人上时，可能只会收到来自控制室的消息，以此获知流程已完成或已终止。那么如何才能找到故障发生的确切原因以及出现问题的位置呢？

11.4.1　概述——从控制室运行流程

一起尝试从控制室运行已经完成的流程。看一看当流程运行完成时，是否能够理解记录在控制室中的消息。

（1）在 Blue Prism 设计器中单击 **Control**。

（2）在 **Available Processes** 面板中，将**每周杂货采购**拖曳到右侧面板表示计算机的 **Resource** 中。

（3）底部的 **Environment** 面板中将出现一个橙色的条目。右击会话并选择**开始**。

（4）流程状态会从 **Pending** 改为 **Running**。等待流程运行完成。

（5）当流程运行完成后，状态会显示为 **Terminated** 或 **Completed**。

11.4.2　日志查看器

如何通过控制室查看机器人的行为记录？值得庆幸的是，Blue Prism 记录了机器人执行过的所有阶段，包括所有输入和输出。通过查看记录，就可以把整个流程拼接在一起，而无须监控机器人工作。这对于故障排除至关重要。在现实世界中，人们无法 7×24 小时坐在机器人面前观察它。一旦流程运行终止，就需要查看日志来一探究竟。

日志通过**日志查看器**（**Log Viewer**）查看。要从控制室访问它，只需右击要调查的会话并从快捷菜单中选择**查看日志**（**View Log**）。一起来看看刚刚触发的会话中的日志。

（1）观察 **Control Room** 底部的 **Environment** 面板。刚刚触发的会话以 **Completed** 或 **Terminated** 的状态被列出。

（2）右击会话行的任意位置，然后从快捷菜单中选择 **View Log**。

（3）**Session Log Viewer** 出现在新窗口中。

（4）为了尽可能多地从 **Session Log Viewer** 中获取信息，在任意位置右击，然后从快捷菜单中选择 **Show All Columns**。现在显示所有可用列，如图 11-8 所示。

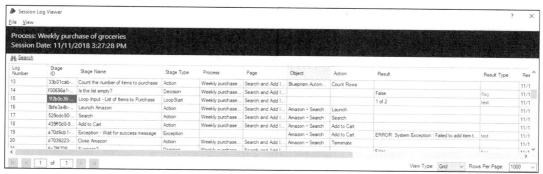

图 11-8　会话日志查看器

日志查看器中包含了大量信息。为了使窗口更大，请拖动它的四角将其扩展。在增加窗口的大小后，按 F5 键刷新内容，然后表格会自动展开以填满更大的空间。

（5）以上显示的信息以文本形式精确地描述在机器人运行流程时发生的情况。以下是每一列的简要说明。

- Log Number（日志编号）：显示事件序列的运行编号。

- Stage ID（阶段 ID）：每个阶段的唯一标识符，用于区分名称相同的阶段。

- Stage Name（阶段名称）：在建立流程时给予阶段的名称。这就是为何赋予阶段的名称要有意义并且唯一是如此重要。在需要排除故障时，合适的名称会使日志更加简单易懂。

- Stage Type（阶段类型）：阶段的类型（比如，**操作**、**决策**和**选择**）。

- Process（流程）：正在运行的流程的名称。

- Page（页）：正在运行的页的名称。

- Object（对象）：正在执行的对象名称，仅适用于调用对象的流程部分。

- Action（操作）：正在执行的操作名称，仅适用于调用对象的流程部分。

- Result（结果）：操作的输出。

① 对于决策，记录结果是真是假。

② 对于运算，记录表达式的运算结果。

③ 对于循环开始和结束，记录正在处理的项。比如，"1 of 2"表示正在处理包含两个项的集合中的第一个项。

④ 如果发生异常，异常详细信息也会被记录在 Result 列中。

- Result Type（结果类型）：指示存储在 Result 列中的值是 Text、Flag 还是 Number。

- Resource Start（资源启动）：阶段开始执行的日期和时间。

- Resource End（资源结束）：阶段结束执行的日期和时间。

- Parameters（参数）：阶段的所有输入和输出参数中所包含的值。

正如所见，日志包含了整个运行过程中每个阶段的信息。无须再亲自观察机器人打开屏幕和单击按钮，人们就能把机器人运行流程时所做的每一步都串联起来。

1. 控制记录的内容

所有信息都会被记录到 Blue Prism 的数据库中。随着时间推移，数据库可能会被过多的信息阻塞，从而导致延迟和出现性能问题。因此控制哪些信息要记录，哪些信息不用记录至关重要。理想情况下，只保留排除故障所需的最少信息。在所需信息与建议保留信息之间保持平衡一直是个值得考量的问题。

默认情况下，在把阶段拖曳到画布上时，都会启用日志记录。请参照以下方式打开或关闭日志功能。

（1）在流程（或对象）设计器中，选择 **Edit | All Stages.**，然后出现一个下拉列表框，其中包含以下选项。

- Enable logging（启动日志）：打开流程/对象中所有阶段的日志记录。

- Disable logging（禁用日志）：关闭流程/对象中所有阶段的日志记录。

- Log errors only（仅记录错误）：仅在异常发生时记录。

（2）也可以编辑单个阶段的属性。在每个阶段的底部都有一个**阶段日志（Stage logging）**下拉列表，用于控制日志记录（见图 11-9）。还可以通过勾选 **Don't log parameters on this stage**（不在此阶段记录参数）框来切换输入和输出参数的日志记录模式。

图 11-9　阶段日志下拉列表

决定所要记录的内容通常是比较后期的事情。然而规划仔细的话，这件事情可以在设计阶段之前考虑，这样就可以预先计划在日志中所要捕获的数据以及不需要捕获的数据；随后就可以更好地设计异常消息和类型，以便人们更好地读懂日志。

另一个重要考量是不在生产环境中记录数据。有些机构会有安全要求，有权访问日志的人员不应该接触生产数据。在这种情况下，必须要更加小心地控制记录的内容。如果有人无意中记录了敏感数据，那么可以确定公司的审计人员很快就会介入该机器人事件中。

2．搜索错误

对于有多个阶段的流程，有一种更简单的办法可以遍历列表来查找某一行。一个常见的场景是，当流程终止时，希望查明流程的确切停止位置。

为此，请使用搜索功能。**Search** 按钮位于 **Session Log Viewer** 的左上角（见图 11-10）。单击 **Search** 按钮以显示 **Search panel**。

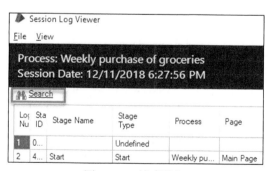

图 11-10　搜索按钮

有两种获得搜索结果的方法，以下将对此进行说明。

● **使用 Find Next 按钮**：若要逐个查找错误，请在搜索框输入关键词 **error**，然后单击 **Find Next**，包含单词 **error** 的下一个单元格将高亮显示；继续使用 **Find Next** 按钮以查找更多含有 **error** 文本的单元格。

● **使用 Find All 按钮**：另一种搜索日志的有效方法是使用 **Find All** 按钮。请在搜索框中输入关键词 **error**，试着单击 **Find All** 按钮。所有包含 **error** 单词的单元格都以高亮显示。如果日志被分割成多页，那么可以滚动页面以查看所有被突出显示的单元格。

3．导出到 Excel

有时会希望将整个日志导出到 Excel 以进行进一步分析。为此，请遵循以下步骤。

（1）在 **Session Log Viewer** 顶部菜单中，选择 **File | Export Entire Log**。

（2）系统会提示保存日志文件为 CSV、TEXT 或 HTML 文件。如果要在 Excel 中打开文件，请选择 **CSV** 然后单击 **Next** 按钮。

（3）单击**浏览**选择要保存文件的计算机位置。请注意，Blue Prism 建议的默认文件名为 **RPA Complete Session Log.csv**。用户可以将文件重命名为自定义的名称。在完成上述步骤后，单击 **Next**。

日志文件被导出了。完成后，请跳转到文件并在 Excel 中打开。在 Excel 中，可以使用全套 Excel 生产工具来提取所需数据（比如，使用 Ctrl + F 组合键来查找单词 **error**）。还可以将文件归档以供存档。

11.5　小结

在本章中，添加了异常处理机制以处理可预见与不可预见异常，以此完成了流程构建。如果流程因为某些原因终止，机器人将会给人类发送邮件，通知他们机器人遇到了问题；同时还提供了停止的位置以及原因等信息。

本章介绍了日志查看器，它记录了机器人执行过的所有阶段；当流程在无人值守模式下运行时，也常用于故障排除；还介绍了如何打开或关闭日志、在日志中查找关键字、把日志导出到 Excel 中用于进一步分析。